儿研所专家告诉您

宝宝吃对 养好不生病

吴光驰 ◎ 主编

吉林科学技术出版社

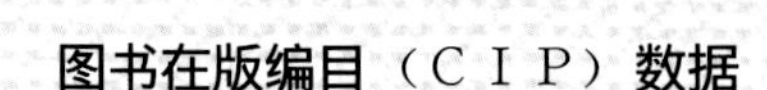
图书在版编目（CIP）数据

儿研所专家告诉您宝宝吃对养好不生病 / 吴光驰主编. -- 长春 : 吉林科学技术出版社, 2015.5
ISBN 978-7-5384-9003-9

Ⅰ. ①儿… Ⅱ. ①吴… Ⅲ. ①婴幼儿－哺育－基本知识 Ⅳ. ①TS976.31

中国版本图书馆CIP数据核字(2015)第063839号

儿研所专家告诉您宝宝吃对养好不生病

主　　编　吴光驰
编　　委　张　旭　陈　莹　周　宏　李志强　易志辉　康　儒　盛　萍　周　密
彭琳玲　王玲燕　李　静　秦树旺　陈　洁　吴　丹　蒋　莲　柳　霞
尹　丹　刘晓辉　张建梅　唐晓磊　汤来先　白　虎　吕巧玲　赉翔南
赵桂彩　陈　振　雷建军　李少聪　刘　娟　史　霞　马牧晨　韶　莹
赵　艳　石　柳　戴小兰　李　青　李文竹　周　利　张　苗　张　阳
黄　慧　范　铮　邵海燕　张巍耀　崔　磊　李　萍　周　亮　邹　丹
曹淑媛　陆　林　王玉立
出 版 人　李　梁
责任编辑　孟　波　李励夫
封面设计　长春市一行平面设计有限公司
开　　本　710mm×1000mm　1/16
字　　数　400千字
印　　张　15
印　　数　1—7000册
版　　次　2015年8月第1版
印　　次　2015年8月第1次印刷

出　　版　吉林科学技术出版社
发　　行　吉林科学技术出版社
地　　址　长春市人民大街4646号
邮　　编　130021
发行部电话/传真　0431-85635177　85651759　85651628
85635181　85600611　85635176
储运部电话　0431-86059116
编辑部电话　0431-85642539
网　　址　www.jlstp.net
印　　刷　吉林省创美堂印刷有限公司

书　　号　ISBN 978-7-5384-9003-9
定　　价　39.90元

生命的延续，总是神圣而甜蜜。当一颗种子在妈妈的“城堡”里种下，几乎全家都处于一种“临战状态”。当那一声啼哭带来万分欣喜之后，真正的“战斗”打响。然而，在享受初为人父初为人母的甜蜜的同时，是不是有些焦虑，有些烦忧？是不是感到茫然，怕自己担不起那份责任？

这本育儿的图书，既是父母们养育孩子的百科教程，也是孩子成长过程中的灵魂伴侣。每一个孩子都是家庭的中心，孩子的成长伴随着太多的欢喜、忧愁。让父母在患得患失中体会人性的伟大、做父母的心酸与幸福。

我们不是要父母按照书中的一字一句去照搬，去模仿，更主要的是让父母了解孩子，感受孩子的愉悦心情和成长的烦恼，让家长和孩子共同成长，享受快乐的亲子时光。

目录

宝宝的睡眠

1个月

2~5个月

6～7个月

8～12个月

1～1.5岁

1.5～2岁

2～3岁

3～6岁

宝宝的饮食

0～2周

2～4周

1～2个月

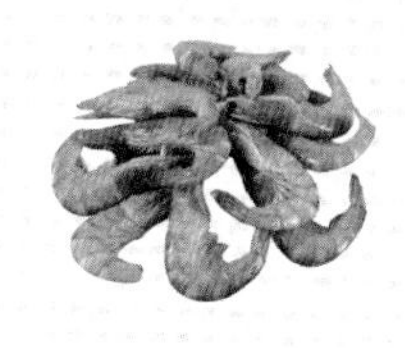

目录

7～8个月

8～9个月

9～10个月

10～11个月

11～12个月

1～2岁

2～3岁

3～4岁

4～5岁

5～6岁

目录

宝宝的智能

0～1周

2～4周

1～2个月

2～3个月

3～4个月

4～5个月

5～6个月

目录

6～7个月

7～8个月

8～9个月

9～10个月

10～11个月

11～12个月

目录

1～1.5岁

1.5～2岁

2～3岁

3～4岁

4～5岁

5～6岁

宝宝的睡眠

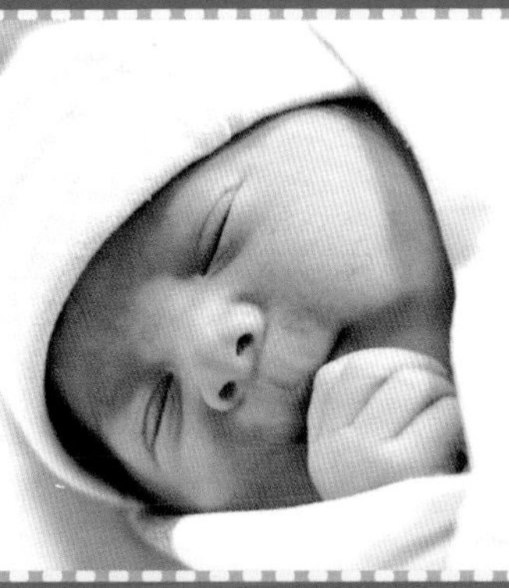

了解宝宝入睡的最佳时机

掌握好让宝宝入睡的方法，并行之有效地去做固然很重要，但是要知道什么时候该去安抚宝宝入睡也是不可或缺的。

通常来讲，刚出生的宝宝在清醒了1～2个小时以后，就会开始出现疲劳现象，根据个体情况的不同，有些宝宝甚至连清醒1个小时的时间都很难做到。为了防止过度疲劳的出现，一定要注意宝宝清醒的时间，并且在清醒1～2个小时之后，安抚宝宝入睡。

当宝宝还小于4周的时候，往往夜间都会睡得比较晚，而且不管是白天还是黑夜，每一次睡觉都不会睡得很久，所以，白天爸爸妈妈要在宝宝过度疲劳之前安抚他入睡。

根据调查，有80%大于6周的宝宝在夜间睡觉的时候都会比较安静，睡眠的时间也在相应加长，而且昏昏欲睡的情况也会渐渐提前1个小时左右，如果你的宝宝出现了昏昏欲睡的情况，尽量提前安抚宝宝入睡，不要等到宝宝开始哭闹的时候才去安抚。

还有20%的宝宝依然会在夜间哭闹，而且睡眠的时间也没有变长，睡前昏昏欲睡的情况也没有提前。这个时候，即使宝宝昏昏欲睡的状态没有提前，也请爸爸妈妈提前1个小时左右安抚自己的宝宝入睡，当然这需要花去你更多的时间，也会变得更加困难。你还可以通过一些方法来减轻难度。比如，延长轻微摇摆宝宝的时间、稍长时间地帮助宝宝洗澡等。

经验★之谈 刚刚生了宝宝，妈妈的身体肯定会非常虚弱，这个时候一定要多休息，如果宝宝睡着了，就赶快抓紧时间让自己休息一下，就算是睡不着，也可以养养精神。

宝宝的睡眠时间会随着成长而不断地变化，虽然有一定的规律但是依然会变化得很快。这个时候困扰最大的就是妈妈了，为了更好地照顾宝宝，妈妈必须去适应宝宝的睡眠变化。

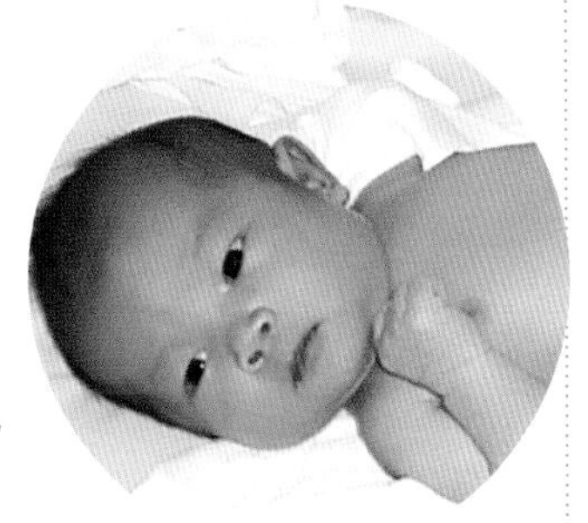

创造安全舒适的睡眠环境

给宝宝选择安全舒适的睡眠环境是非常重要的，大多数家庭采用宝宝与妈妈同睡一张大床，或者是大床旁边放一张宝宝床的方式，也有的是宝宝床在同一个房间里但不在床边，现在还有一些家庭让宝宝单独睡在一个房间。这些方式都各有利弊，与妈妈同睡可以方便母乳喂养，也便于妈妈观察宝宝的情况，但如果让宝宝一直与妈妈睡在同一房间到6个月时，再想让他去单独房间睡恐怕得等到他3岁以后了。让他单独睡，你需要一个监护器，让你随时可以看到他的情况、听到他的哭声。你可以根据家庭的实际情况来选择。

随着宝宝慢慢地长大，固定的睡前程序就会越来越重要，新生的宝宝整天都是睡一会儿醒一会儿，但为了帮助宝宝从小养成良好的睡眠习惯，应该从一开始就建立起固定的睡眠程序。

到了晚上八九点钟，就给宝宝洗澡，换上干净的睡衣，然后把他抱在怀里，轻声地唱歌或者读书给他听，这样摇晃几分钟，再把宝宝放到床上去哄他入睡。尽量坚持每天都这样，以后一到了这个时间做完这些程序，宝宝就知道该睡觉了。

有的爸爸妈妈没有意识到这点，没有刻意用固定的程序去哄宝宝睡觉，比如一直把宝宝抱在怀里直到他睡着。但是宝宝一旦离开爸爸妈妈的怀抱就会醒来，又开始哭闹，这样哄孩子入睡的过程又必须重复。

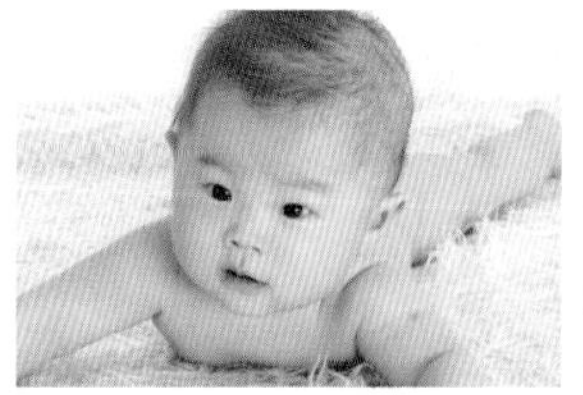

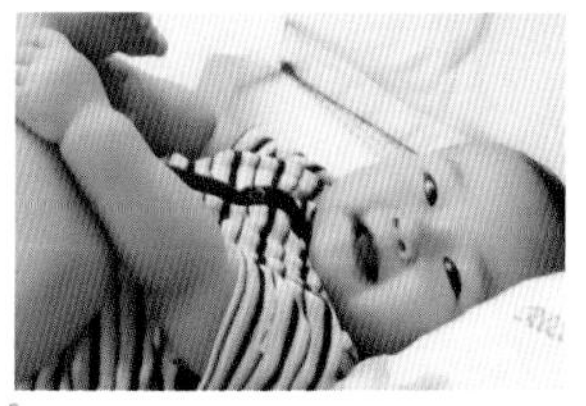

一个安全的睡眠环境也是必不可少的。无论是采用一起睡还是单独睡，都必须掌握安全原则。

不要用硬实的床垫，并且床垫与床架之间的缝隙不能大于3厘米。

要检查围栏、镂空的花纹的大小，不要超过6厘米。

如果床上使用了其他的附件，必须把上面的系带剪短。

让所有的有小零件的玩具远离婴儿床，以免宝宝不小心把这些东西吞到肚子里。

不要将婴儿床安放在画框等物品的下方。

让婴儿床远离窗台和有窗帘、百叶窗、插座的地方。

给宝宝盖被子同样是一门学问。如果宝宝出生在冬季，室内气温比较低，这时可以采用睡袋加薄棉被的方式来给宝宝保暖；如果是春、秋季，也只需要一床薄棉被给宝宝保暖即可；如果是夏天，室温比较高，可以给宝宝盖一条薄毯子。宝宝的被子一定要是棉质的，并且要相对大一点，可以将被子掖到床垫下面去，防止被子散开，造成宝宝窒息的隐患。

经验★之谈

宝宝吃的奶会对他的睡眠造成一定程度的影响。随着年龄的增长，不管是吃母乳的宝宝还是吃配方奶粉的宝宝都会慢慢学会一整夜睡觉而中途不会醒来。不过，吃配方奶粉的宝宝这个过程会来得早一些。这可能是因为母乳比配方奶粉更容易消化，会在更短的时间内通过肠道，所以吃母乳的宝宝比吃配方奶粉的宝宝饿得更快。也可能是选择母乳喂养方式的妈妈对自己的宝宝的活动更为敏感，对宝宝饥饿时的声音反应更加频繁，当宝宝饿了的时候，即使是在半夜也会喂宝宝，这样就会导致宝宝并没有那么容易学会睡整宿觉。

尽可能创造一个相对安静的环境。很多家庭有了宝宝以后，在宝宝睡觉时都踮着脚尖走路，说话也都细声细气的，甚至不敢在宝宝睡觉的时候打电话。宝宝长期习惯了这种绝对安静的环境，一点声音就会把他弄醒，这样他就会失去在日常生活中正常的噪声里睡觉的先天能力。所以，爸爸妈妈在日常生活中完全不必轻手轻脚，可以使用洗衣机、看电视机，和朋友打电话聊天也没关系。

放一曲舒缓的音乐也是一个不错的选择。可以放一首莫扎特的《小夜曲》，也可以由妈妈轻轻哼唱睡眠曲，还可以利用收音机没有节目的频道制造一些“沙沙沙”的声音，这样的声音都利于宝宝入睡，而当宝宝习惯了这一切以后，即使是在相对嘈杂的环境中，宝宝也能很快地进入梦乡。

适当拥抱，改善宝宝睡眠

和宝宝多一些身体接触，把宝宝抱在胸前。首先，这种行为具有镇静的效果。当宝宝号啕大哭的时候，把他抱在胸前摇一摇，当感受到了爸爸妈妈温暖的肌肤，宝宝就会慢慢地停止哭泣。其次，身体上的接触还能促进宝宝反应的灵敏度，改善宝宝吃奶和睡眠的技巧。多抱宝宝能增加宝宝的安全感，让宝宝在睡觉时更安心，更容易入睡。白天的时候，把宝宝放在一个布制的背兜里背在背上，会让宝宝觉得像是被抱着一样的温暖和安全，同时你也能够腾出手来做别的事情。

掌握宝宝疲倦时的表现

当你和宝宝尽情地玩闹，外界的刺激总是会让宝宝变得很兴奋，但是不久之后，疲倦也会悄然来临。当宝宝感到疲倦，需要休息的时候，会表现出一系列的特征，合格的爸爸妈妈一定要掌握这些特征。这些特征包括打哈欠、嘴边泛白、扭过脸去、下巴轻微地颤抖、闭眼等，更为严重的时候甚至会出现呕吐。如果正在和你玩闹的宝宝出现了这些特征，那么请尽快让宝宝休息一会儿，让宝宝睡觉也可以。如果是瘦弱的宝宝，或生病的宝宝，那么可能玩很短一段时间就需要休息一下。

帮助宝宝分清白天和黑夜

据统计，大多数的新生宝宝从一出生开始就分不清白天和黑夜。他们总是白天昏昏欲睡，瞌睡连连，而到了晚上却来了精神，生龙活虎的。这种情况也许是在妈妈的子宫里养成的。白天，妈妈开始活动了，这个时候子宫里的宝宝比较安静，而到了晚上，妈妈休息睡觉了，而宝宝却开始活跃了。

那么如何帮助宝宝分清白天和黑夜，让宝宝不再黑白颠倒呢？这就需要爸爸妈妈的努力了。

最好的做法就是，在白天的时候，多陪宝宝玩，让宝宝知道白天是玩耍的时间，而到了夜里，照顾宝宝的时候只做必须做的就好了，不要陪宝宝玩耍，让宝宝觉得夜晚非常无聊，那么就只能睡觉了。如果坚持这么做，大约在宝宝6周的时候，黑白颠倒的情况就会有所改善；而当宝宝到了3个月或者4个月的时候，宝宝就能很快适应白天和黑夜，在晚上睡得比较多，而在白天清醒的时间则会比较多。

建立固定良好的睡眠程序

俗话说“没有规矩，不成方圆”，即使是刚刚出生的宝宝，这句话也很适用。要让宝宝在今后形成良好的睡眠习惯，这个时候就要开始帮助宝宝建立睡前程序了，虽然这个时候他并不懂得爸爸妈妈这么做的意义，但是天长日久，睡前程序会让宝宝形成一种条件反射，每当爸爸妈妈做这几件事的时候，宝宝就知道应该睡觉了。

越早建立睡前程序，不管是对爸爸妈妈还是对宝宝都会越轻松，宝宝的睡前程序会随着年龄的增长而发生改变，那么现在应该怎样建立呢？

因为宝宝毕竟太小，睡前程序不用过于复杂。在睡觉之前，妈妈先帮宝宝洗个澡，穿好衣服，然后可以把宝宝抱在怀里摇一摇，摇晃的时间可以固定为几分钟，边摇边给宝宝唱儿歌，然后把宝宝放在床上让他睡觉。

帮宝宝养成良好的睡眠习惯

白天，爸爸妈妈要兴高采烈、充满爱意地陪宝宝玩，给予宝宝足够的关注以及刺激，让宝宝兴奋地玩个够，与此同时，时刻注意宝宝的脾气和表情，如果宝宝表现得比较无聊了，爸爸妈妈可以做鬼脸，或是让自己的声音变得更加欢快一点，总之要引起宝宝足够的注意，让宝宝高兴地玩耍。当宝宝开始疲惫的时候，会有一些特征体现出来，比如会背过脸去、把视线移开，还会皱着眉头、打着哈欠或打嗝儿等，嘴角边的皮肤也会泛白，这个时候爸爸妈妈就不能像之前那样活跃和夸张了，节奏一定要放慢，声音放轻，也可以哼一些舒缓的歌，或者不再言语，眼睛也不再看着宝宝，给宝宝足够的休息时间。这个时候小睡一下是个不错的选择，当宝宝醒来以后，如果他还想玩，就可以重复上面的过程，这样就能够在白天长时间地让宝宝保持清醒，同时在夜里，宝宝也会睡得更长。

到了晚上，爸爸妈妈需要做的就要和白天的状态截然相反了。当爸爸妈妈在夜里照顾宝宝的时候，只需要做必须要做的，不用做多余的事情，更不要像白天那样过多引起宝宝的注意。如果需要开灯，尽量把灯光调暗，如果宝宝的尿布湿了需要换，就安静迅速地给宝宝换上，过程中不用说话，也不要理会宝宝玩耍的暗示。如果宝宝饿了，只需要静静地给他喂奶即可，如果宝宝情绪比较低落，或者看上去显得比较寂寞孤独，或是因为爸爸妈妈的不理睬而渐渐开始哭闹，爸爸妈妈千万不要厌烦宝宝或者用粗暴的言语去吓他，只要轻轻地抱一会儿，然后再把他放回床上去即可。即使夜间的宝宝非常可爱，而故意对宝宝不理不睬会让你非常心疼，但是为了帮助宝宝养成良好的习惯，这么做是必需的。

值得高兴的是，可爱的宝宝是非常聪明的，即使自己非常幼小，时间久了，宝宝就会养成良好的习惯，晚上睡觉的时间也会越来越长，不容易醒来。

经验★之谈 爸爸妈妈对宝宝的睡眠时间要做到心中有数。一般而言，宝宝的年龄越小，所需的睡眠时间就会越多。不同年龄平均睡眠时间为：3～4岁，12小时；4～5岁，11小时；5～6岁，10小时。

睡眠能提高身体抵抗力吗

对每个人而言，睡眠是相当重要的，宝宝也一样。虽然从科学上来讲，科学家们研究了很多年都没有弄清楚睡眠的真正目的是什么，但是这依然不能否定睡眠的重要性。

睡眠带来的好处，相信每个人都有亲身的体会。疲劳的时候，舒舒服服地睡上一觉就是一种享受。其实睡眠的重要性还体现在更深的层次上，除了能把短时记忆转化成为长时记忆以外，还能增强我们人体的免疫系统功能。所以，当我们生病的时候，当我们疲劳过度、心力交瘁的时候，免疫功能会降低，会染上各种常见的疾病，如感冒、咳嗽、嗓子发炎等。同样，对宝宝而言，充足良好的睡眠可以提高身体抵抗力。

对于新生宝宝而言，除了可以促进宝宝的大脑发育，帮助宝宝学会在日常生活中获得新信息和新能力，还能让宝宝发育得更快，所以爸爸妈妈一定要保证宝宝充足的睡眠。

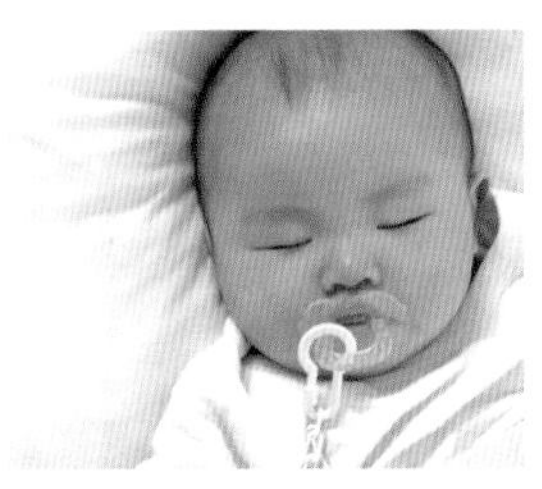
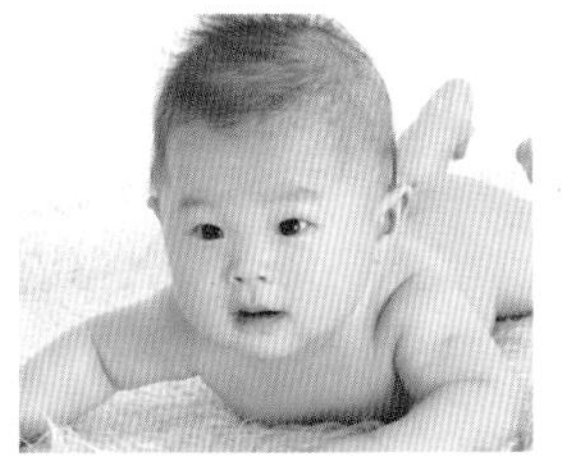

宝宝睡眠时间会做梦吗

别看新生的宝宝这么小就以为他们不会做梦了，宝宝睡觉的时候，小小的脑袋里面可是非常活跃的。据统计，宝宝做梦的时间是大孩子和成年人的两倍，这是因为宝宝在一天中接收的信息太多太多了。在宝宝做梦的时候，脑电波相当活跃，所以会消耗大量的能量——蛋白质，宝宝一般梦醒以后都会觉得饥饿。

宝宝会做很多梦，是因为睡眠时宝宝把短时记忆转化为长时记忆的过程，做梦是学习的重要组成部分，在做梦的时候，宝宝白天接收到的信息和学到的知识在梦境中都会被转化为长时间的记忆，很难被遗忘。

宝宝要睡什么样的枕头

宝宝枕头的高度需要3～4厘米，并且需要根据宝宝的生长发育调整枕头的高度，枕头的长度最好和宝宝的肩部同宽。

枕头的枕芯应该选用质地松软、轻便、透气性好、吸湿性好的，枕套用棉布制作即可，枕头和宝宝头部接触的地方最好能有一个和头颅吻合的凹陷。

枕头的保养也非常重要，因为宝宝的新陈代谢较快，所以出汗较多，汗水混合污渍和头皮屑会经常附着在枕套上，长时间不清理会诱发宝宝面部湿疹和头皮感染，所以每隔一段时间就要清理一下枕头，把枕芯放到太阳下暴晒，而枕套则要经常清洗。

经验★之谈

也许很多的爸爸妈妈都曾被宝宝的夜间哭闹弄得非常疲惫，甚至对宝宝发火，打宝宝的屁股。虽然大部分原因是由于宝宝的生理机制所导致的，但是每一个爸爸妈妈仍然希望自己的宝宝能够整晚都睡着。那么到底什么时候，宝宝整晚都能睡觉了呢？

许多6周到4个月大的宝宝在晚上21:00～22:00时都能自然而然地进入梦乡，然后几个小时之内都会睡着，这段时间则不需要妈妈喂食。当宝宝4个月以后，宝宝睡觉的时间会越来越早，大约在晚上18:00～20:00就会上床睡觉。当宝宝9个月以后，一般整晚都不需要喂食了。不过，如果是母乳喂养，宝宝形成这种习惯的时间会稍晚。

2~5个月

帮助宝宝养成规律的睡眠

如果你的宝宝天生作息就很有规律，或者是头一个月的时候已经在培养宝宝养成良好的习惯，那么宝宝在5～6周的时候，你就会发现他的睡眠模式已经开始渐渐变得有规律了。

当宝宝表现出疲倦的信号时，把宝宝放下休息，或者让他小睡一会儿。在宝宝清醒的时候，不要让他的清醒时间超过两小时，因为这样会导致宝宝过于疲劳，从而影响发育。当然，当你哄宝宝入睡的时候，宝宝并不是那么容易乖乖就范的，他们总会开始哭闹，拒绝睡觉。其实，不要因为宝宝哭了就顺从宝宝的意愿，这只是他抗拒睡眠的手段而已，10分钟或者20分钟的哭闹，对宝宝是有好处的，因为哭闹是很消耗精力的，所以宝宝哭闹完后，一般都会乖乖入睡，如果宝宝一直哭个不停，那么可以安抚下宝宝，过一会儿再哄他入睡。总之，不要因为心疼宝宝的哭闹，就马上去哄，那样会打断你给宝宝制订的睡眠计划。

经验★之谈 对年轻而没有育儿经验的爸爸妈妈来说，常常会忽略一些值得注意的细节，长期下去，对宝宝的影响也是相当大的。

让宝宝清醒的时间过长，这是不好的，也是爸爸妈妈们很容易忽略的地方，有时候和宝宝玩着玩着就忘记时间了。这样会导致宝宝过度疲倦。

使用吊床等东西让宝宝睡觉，这也是不好的。

哄宝宝入睡的方法不一致，不容易让宝宝形成有规律的睡眠，也是不可取的。

这个时期的宝宝，对外界的干扰会更加敏感了，不管是噪声，还是其他各种声音，或是光线、振动等，都容易打断宝宝的睡眠。所以，当宝宝需要睡觉的时候，尽可能轻轻地把他放到婴儿床上去，拉上窗帘，让房间相对安静一些，然后慢慢地离开。

睡眠的重要性是不言而喻的，在最初的一个月内，你应该尽可能地学会识别宝宝想要睡觉时的信号，学会掌握什么时候宝宝需要睡眠，这样才能在以后的时间里更好地培养宝宝的作息规律，不会导致宝宝过度疲劳。

能否培养更加规律的睡眠习惯，和宝宝是否得到了充足的休息、有没有过度疲倦、宝宝的性格、以及在前几周的时间里宝宝是否熟悉了你哄他入睡的方式都息息相关。

在宝宝4个月的时候，宝宝就会睡得更早了，这个时候，睡眠的规律也会随之相应地发生改变。如果在之前就培养出了较为规律的睡眠，那么当睡眠模式发生变化的时候，宝宝也会适应得更快。此外，宝宝的自我安抚能力也非常重要。

经验★之谈 每天出门1小时较好，出门后，可以多做一些体育活动来消除照顾宝宝带来的压力，然后尽可能地和别人交流，来舒缓一下自己紧绷的神经。

不要因为觉得自己没有照顾好宝宝就心怀愧疚，应仔细记录一下宝宝的睡眠、进食习惯，不要做得太多，因为那不一定有好处。在宝宝睡着的时候，妈妈也应该抓紧休息一会儿，或者听听音乐来舒缓一下自己的情绪。

掌握帮助宝宝睡眠的方法

在宝宝6～8周一直到4个月的时候，宝宝可能一个晚上需要喂4～6次奶，在他4个月以后，每晚只需要喂2～3次奶了。

当宝宝长大一点以后，晚上是否需要喂奶的情况比以前更能确定了，这时，“让宝宝哭个够”的方法也能更好地被执行。

有的爸爸妈妈会认为这种“让宝宝哭个够”的方法对孩子过于残酷，那么也可以换一种方法。

当宝宝开始哭闹的时候，不要立刻过去，等5分钟左右再过去安抚他。下一次哭闹的时候，等上10分钟左右再过去，如果他还在哭闹，那么就等上15分钟再过去安抚宝宝。然后一直重复这个过程即可。

这种方法成功的关键在于宝宝是否过度疲劳，是否获得了足够的休息，以及爸爸妈妈们能否坚持下去。但是对很多宝宝也很有效，而且爸爸妈妈们也更加愿意接受。但是对于某些非常爱哭闹和缠人的宝宝，这种方法也会让爸爸妈妈缺乏睡眠，很快就会失去耐性而产生厌烦，而宝宝也会过度疲劳。那么这样就失败了，而“让宝宝哭个够”的办法却能够立竿见影。

经验★之谈

要让宝宝睡得好，白天不要让他玩得太疯，白天玩多了，宝宝晚上也会想继续玩。临近晚上睡觉的时候不要抱着他到处走。可以陪他玩些安静的游戏，给宝宝一些摇铃、橡胶玩具，听一些舒缓、放松的音乐。

还有一种方法，对于不是非常缠人的宝宝来说，是非常管用的。夜里，宝宝开始哭泣的时候，爸爸妈妈静悄悄地靠近宝宝，看看宝宝是不是一切安好，这个时候可以不用开灯，也最好不要把宝宝抱起来，爸爸妈妈可以在黑暗中温柔地安抚宝宝，可以轻轻按摩宝宝的肚子，揉一揉宝宝的头发，抚摩一下宝宝的小手，或者轻轻地摇晃一下婴儿床等。如果宝宝仍然大哭不止，爸爸妈妈可以采取更大幅度的动作，比如轻轻地哼歌、摇一摇宝宝，如果宝宝饿了，可以给他喂奶等。

经验★之谈 爸爸妈妈非常重视宝宝的睡眠习惯的培养，只有帮助宝宝形成自己规律的生物钟后，才能不用哄就自己乖乖入睡。而不同的宝宝个性也会有所差别，所以应对的方法也会不同，爸爸妈妈不要去强制按自己的方法加以引导，应让宝宝自己安然入睡。

总之，安抚宝宝一定要有限制，一定要控制在最低限度上。使用这种方法，会使得宝宝和爸爸妈妈之间的情感基础更加牢固，使宝宝更加信任爸爸妈妈，不会让宝宝有被抛弃的感觉。

但是，没有证据证明哭闹一定会对宝宝造成伤害，如果使用这种办法，很有可能造成宝宝在夜间哭闹的频率增加、哭闹的时间加长，以便能够得到爸爸妈妈更多的安抚，从而导致此种方法失败。

对于不同性格的宝宝，要采取不同的睡眠方法，不能一概而论。有的爸爸妈妈因为工作的需要，而对宝宝采取了错误的方法，这样的方法对于一个规律性较强、容易照顾、不是特别烦躁的宝宝也许会奏效，但是如果宝宝是那种较为烦躁、爱哭闹的，往往就不会奏效。摸清宝宝的性格，是爸爸妈妈们必须要学会的，知道了宝宝的性格，才能够采取正确的睡眠方法。

不能长期让宝宝睡过软或过硬的床

现在家庭，大多数都是独生子女，年轻的爸爸妈妈为还没有出世的宝宝准备好了一切。因为宝宝每天有一大半时间是在床上度过的，所以疼爱宝宝的爸爸妈妈们，会为宝宝准备一张非常柔软舒适的婴儿床，或者将小床用棉絮什么的垫得软软的，认为宝宝只有睡在软软的小床上，才能休息得更好，才能睡得更安稳、踏实、舒服。但是，爸爸妈妈们却忽略了一个问题，柔软的小床确实会让宝宝睡得非常舒服，但是却对宝宝的生长和发育非常不好。

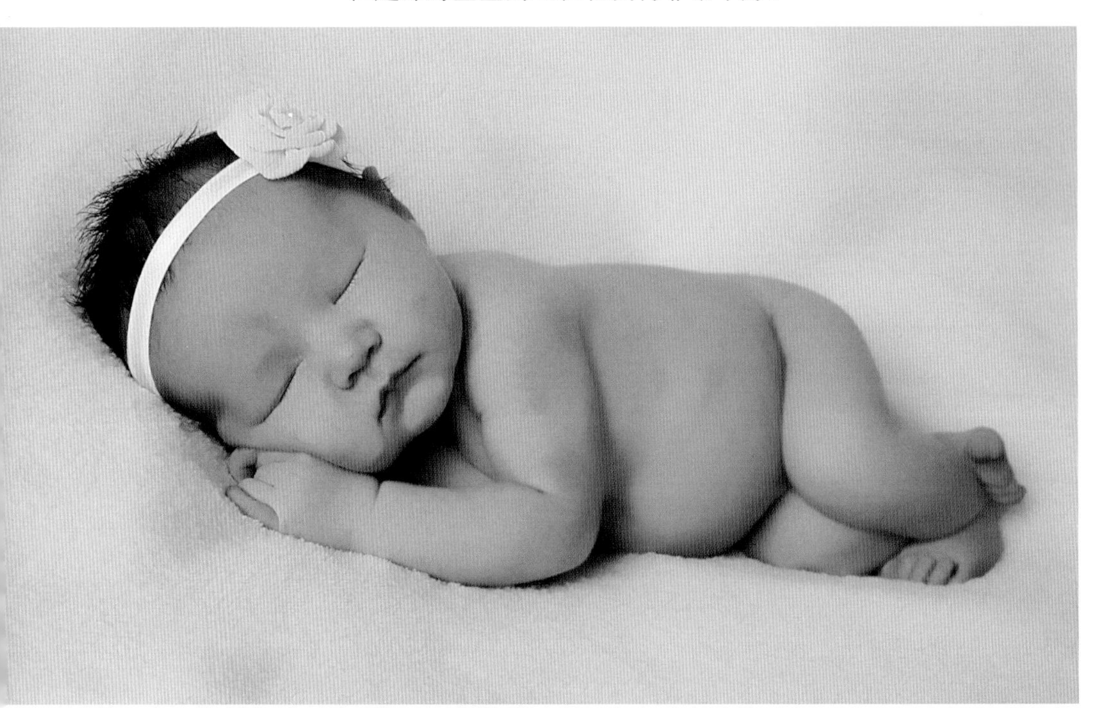

宝宝的骨骼是非常柔软的，可塑性非常强，如果把宝宝放在软床上仰卧睡眠，就会大大增加脊柱的生理性弯曲度，加重脊椎两边的韧带和关节的负担，长时间下去，容易让宝宝形成驼背或侧弯畸形，还会造成腰部疼痛等不舒服的感觉。通过调查已经证实，长期睡在软床上的宝宝，有60%以上都会造成脊柱畸形。为了宝宝的骨骼健康发育，爸爸妈妈们记住一定不要给宝宝睡软床。

软床会让宝宝的身体凹陷下去，这样非常容易造成被子上移，盖住宝宝的脑袋，造成被窝里面的氧气越来越少，而二氧化碳却越来越多，这样就会导致宝宝缺氧而做噩梦，甚至惊叫起来，严重影响了宝宝的睡眠，使宝宝得不到充足的休息，清醒以后精神不振、食欲不佳，从而使宝宝的生长和发育受到影响。

睡软床固然不好，但是太硬的床对宝宝同样也不好。睡太硬的床会导致宝宝的肌肉得不到完全放松，会影响肌肉的休息，导致全身疲劳，影响睡眠。

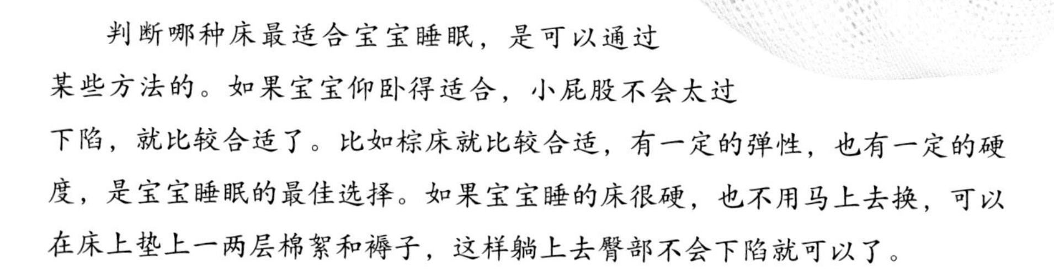

判断哪种床最适合宝宝睡眠，是可以通过某些方法的。如果宝宝仰卧得适合，小屁股不会太过下陷，就比较合适了。比如棕床就比较合适，有一定的弹性，也有一定的硬度，是宝宝睡眠的最佳选择。如果宝宝睡的床很硬，也不用马上去换，可以在床上垫上一两层棉絮和褥子，这样躺上去臀部不会下陷就可以了。

小睡很重要吗

许多人也把宝宝白天的小睡当做可有可无的。其实这是非常错误的认知，小睡对宝宝的大脑和身体发育，以及将来的认知能力和学习能力的发展都非常重要。对宝宝来说，小睡并不是夜晚没睡好而需要将不足的睡眠在白天补充。夜晚的睡眠和白天的小睡，以及其余清醒的时间都是各自分开的，三者可以说是相互独立、相辅相成的，并且缺一不可的。

夜间的睡眠分为深度睡眠和浅度睡眠，同样的道理，白天清醒的时间也

经验★之谈

扰乱宝宝的小睡时间，对宝宝的影响是非常严重的，以后的纠正过程也会让宝宝非常痛苦。扰乱宝宝的小睡会让宝宝造成睡眠迟惰的状态。

睡眠迟惰是一种较为科学的说法，就是在清醒的时间里，感到身体不舒服，情绪不佳，头脑不能清醒地思考，感觉很混乱、茫然，没办法集中注意力。睡眠迟惰的现象，大人和宝宝都有，但是对宝宝来说，造成的影响恐怕更严重。

有非常清醒和昏昏欲睡的时间，这个状态的时间取决于你睡眠时间和醒来时间的长短。状态与状态之间都在不停地变换，当白天昏昏欲睡的时候，生理状态陷入了低潮（尤其是在午后，从清醒到午后已经经历了很长一段时间，所以非常容易疲倦），这个时候如果小睡一会儿，就会让精神重新焕发，这也就是小睡的好处。

例如晚上12点，你刚好熟睡，然后早上8点的时候醒来，那么清醒的时间就有16个小时，在清醒的第8个小时，是你最容易犯困的时候，同时也是最佳的小睡时间，就是下午4点的时候。

对刚出生才几个月的宝宝来说，打断或扰乱了宝宝的小睡，会导致宝宝过度疲劳，从而延长睡眠迟惰的时间，那种感觉会让宝宝非常难受。有时候，睡眠迟惰的宝宝看上去就像在梦游一般，有的宝宝甚至一反常态，跟平时完全不一样，表现出如难以控制自己的感情，要么心烦意乱，要么哭个不停，有时候甚至还可能会尖叫。

有的爸爸妈妈不了解这种状况，以为是宝宝患了什么疾病，带到儿科医院去检查，结果却是一切正常，被医生告知仅仅是因为宝宝在该小睡的时候没有小睡。所以，爸爸妈妈们一定要让宝宝按时、充足地小睡。

控制宝宝夜间睡眠、白天小睡和清醒的神经都是独立的。所以有时候大脑会给宝宝发出矛盾的指令。也许负责夜间睡眠的神经会给宝宝发出“睡觉”的指令，但是同时负责清醒的神经又会给

经验★之谈

小睡与小睡之间的状态也是各不相同的。宝宝上午的小睡属于快波睡眠，这种睡眠模式会促使大脑内的蛋白质合成增加，既能促进宝宝神经系统的发育，也能加快精力的恢复。而午后的睡眠属于慢波睡眠。慢波睡眠可以促进宝宝的身体发育。两种睡眠模式对宝宝都非常重要，所以小睡是不可或缺的。

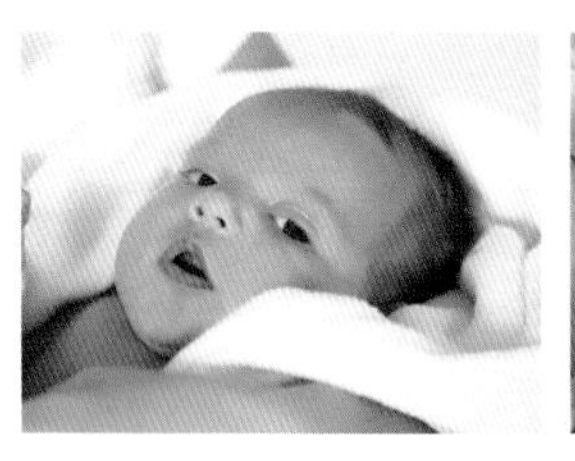

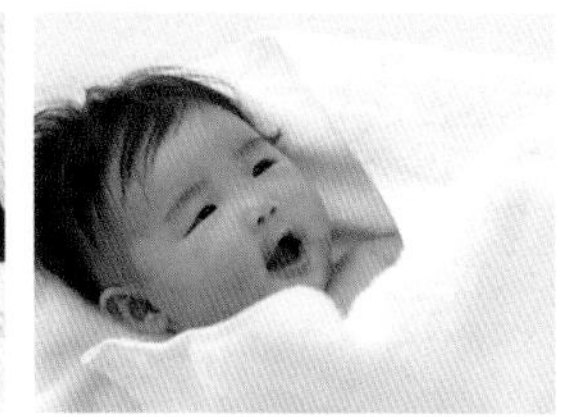

宝宝发出“清醒”的指令。这样两种指令就相互矛盾了，虽然宝宝醒着，但是睡眠指令的作用让宝宝觉得非常累，这就会导致宝宝哭闹。这种状态会让宝宝的作息失调，就像有的鸟类在沉睡的时候依然可以飞一样，有时候你明明看见宝宝在哭，在吮吸手指，但是实际上他已经睡着了。当宝宝长大后，这种由于大脑发育不完全的现象就会越来越少。

既然睡眠、小睡、清醒是相互独立的，那么他们各自都有着自己的作用。清醒是为了了解更多的信息，学习更多的东西，睡眠是为了身体的成长和发育，而小睡则是为了提高清醒时的学习效率。正因为有了小睡的存在，所以白天清醒的后半段时间里也会有更好的状态，不会在刚过一半的时候，就开始觉得昏昏欲睡了。

小睡如何分配

在合适的时间小睡，效果是最好的。如果宝宝错过了一次小睡的时间，那么就等下次小睡的时间里再让他小睡，这样就能控制住宝宝的睡眠节奏，不至于被打乱。如果宝宝非常疲倦，也可以提前小睡的时间，不过这样做会提前宝宝的睡眠周期，需要及时调整回来。那么宝宝每天的小睡时间到底是如何分配的呢?

在宝宝4个月大的时候，每天要小睡2～3次，分别是早上、午后和傍晚，而最后一次小睡则会很短。大部分6个月大的宝宝，每天差不多就只进行两次小睡了，而宝宝9个月大的时候，小睡每天就只有1～2次，满1周岁的宝宝中，很少一部分每天只进行1次，大多都还是1～2次，而15个月大的时候，每天只小睡一次的宝宝会增加到一半。当宝宝到了21个月的时候，基本上每天就只有1次小睡了。

宝宝早上小睡的习惯会比午后小睡的习惯形成得更早，消失得也比午后的小睡早。到了宝宝21个月大的时候，每天唯一的1次小睡就是午睡了，这会一直延续到青年、中年和老年。

因为早晨的小睡是快波睡眠，而午后的小睡是慢波睡眠，所以早晨的小睡也可以看作夜间睡眠的延长，通过缩短早晨醒来后和早晨小睡之间的时间，可以提高宝宝的睡眠质量。

在6个月大的宝宝中，大约有80%的宝宝每天都需要小睡2.5～4个小时，而15%的宝宝小睡的时间超过4个小时，只有5%的宝宝每天小睡时间不足2.5小时。小睡的时间因每个宝宝的个体、家庭环境和照顾方式的不同而有所不同，有的宝宝即使每天只有2.5小时的小睡时间，他仍然不会疲倦。

经验★之谈 小睡的重要性不言而喻，所以培养宝宝小睡的习惯非常重要。首先要保证宝宝晚上充足的睡眠。然后要适时控制宝宝起床的时间，早上6点或者7点是一个不错的选择，清醒以后，可以让宝宝尝试一下高强度的户外活动，让宝宝尽可能多地接收外界的信息，这个时间不要太长，到了9点的时候，就可以开始准备哄宝宝入睡了。下午的时候，也可以重复上午的过程，来达到培养宝宝养成固定小睡的习惯。

有的爸爸妈妈认为自己的宝宝小睡的时间很短，就觉得宝宝肯定没睡好，所以就千方百计想要延长宝宝的小睡时间。这显然是不可能的，爸爸妈妈可以使宝宝的小睡时间变短，但是却不可能延长他的小睡时间。这个道理很简单，就像你可以通过各种方式让对方保持清醒，但是却没办法让对方沉沉入睡一样。

15～21个月的宝宝，每天小睡的次数是1～2次，如果宝宝只小睡1次，那么应该在晚上的时候早点让宝宝入睡。这样既可以避免宝宝夜惊，也可以让宝宝不至于醒得太长，可以延长宝宝的睡眠时间。

很多爸爸妈妈明明知道应该怎么做，但是却很难严格地去实行，因为他们总是想和宝宝玩更长的时间，也可能是害怕早睡的宝宝容易半夜醒来啼哭。要让宝宝养成良好的小睡习惯，爸爸妈妈们最好按照正确的方法去做。

经验★之谈

很多爸爸妈妈在白天的时候，都喜欢把宝宝抱在怀里让他睡觉，或者放在摇篮里摇晃，甚至抱着睡觉的孩子散步，以及开车带着宝宝出去兜风，以至于宝宝小睡的时间只能在车上打盹儿。

以上这些做法，对宝宝的睡眠都是有危害的，而且这样做会推迟宝宝进入深度睡眠的时间，造成宝宝睡得不好，无精打采。

打乱宝宝的小睡，对宝宝来说是非常痛苦的一件事，也许大人觉得和宝宝在一起玩很快乐，但这却增加了宝宝的压力。希望爸爸妈妈们注意。

宝宝睡觉时能开空调吗

炎炎夏日，即使在家里，温度也非常高。所以空调几乎成了必备的家用电器。宝宝因为身体功能发育未完善，对温度的自我调节能力还比较差，所以如果家里的温度太高的话，就很容易造成宝宝中暑。

有的人认为宝宝还小，不能吹空调，所以就把宝宝放在没有空调的房间里，从而导致宝宝过热中暑。

其实这是没有必要的，宝宝完全可以待在有空调的房间里，这对于宝宝没有任何的影响，只是需要注意，空调的出风口不要对着宝宝玩耍的地方和宝宝睡觉的地方吹就可以了。

此外，还有一点需要注意。有的爸爸妈妈特别怕热，所以就把室内的温度调得很低，导致室内和室外的温差很大。这对宝宝来说是不好的。

经验★之谈

适当地开空调是可以的。因为一些地区，室内如果不开空调，太热的话也会影响孩子睡眠，甚至影响孩子的生长，所以可以适当地开空调，但是有以下几点要注意：

1.空调吹的地方与方向一定要远离孩子。

2.温度最好不要低于26℃。

3.孩子出汗的时候千万不要马上进入空调屋，要开门感受一下凉气，再抱进去。

4.要注意宝宝肚子的保护，否则容易拉肚子。

5.当室内达到一定温度的时候可适当关掉空调。

6.因空调会导致室内干燥，需要注意室内加湿（可用喷水的方法），同时要给孩子多喝温水。

7.空调屋一定要经常开窗通风，更换空气。

经验★之谈 室内的温度应该根据室外的温度来调整，当室外温度过高而室内温度过低的时候，宝宝从较冷的房间到很炎热的室外活动，就会非常不适应，而从炎热的室外来到较冷的室内，同样也会有不适的反应，所以即使是在炎热的夏天，室内的温度也应该控制在23℃～28℃之间，这样就不会引起宝宝的不适了，既改善了室内的温度，又对宝宝的睡眠和成长有好处。

哪些疾病容易导致宝宝睡眠异常

有的时候，爸爸妈妈会发现为宝宝培养好的睡眠规律好像并不奏效了，自己的宝宝看上去很难入睡。虽然宝宝在妈妈怀里的时候看上去精神不错，也显得非常舒服，但是到了应该小睡或睡觉的时候，宝宝就是不肯睡觉，要么表现得非常烦躁，坐立不安，要么就放声大哭，好像身上某个地方很疼似的。而终于等到宝宝哭完了，哭得筋疲力尽了，会勉强地睡上一会儿，但是依然会很快醒来，并且表现得精神不佳，身体不舒服，非常疲倦。

当宝宝出现以上这种现象的时候，爸爸妈妈就要开始谨慎了，到底是什么引起了宝宝发生这种现象呢？对年纪很小的宝宝来说，往往这种状况就表示宝宝生病了，身体的某一个部分出了毛病，导致宝宝无法正常入睡。

◎急性中耳炎

有一种病症可以导致宝宝睡眠困难，这就是耳部感染，也叫做“急性中耳炎”。这是宝宝们很常见的病症，耳部感染的常见表现就是非常疼痛，因为吮吸和吞咽也会导致中耳疼痛，所以就算是在喂奶的时候宝宝也会哭闹不止，稍微大一点的宝宝会用手拉扯耳朵，表示那里很痛。当宝宝躺下以后，因为耳部压力的变化，可能会导致更加疼痛，甚至会流出脓液，这就是导致宝宝入睡困难的原因。如果不及时治疗，会引起宝宝的听力减退甚至耳聋，所以爸爸妈妈们一定要注意。

◎胃食管反流

这是由于宝宝的食管下括约肌不发达，导致胃酸回流进入食管，胃酸回流会造成胸口有灼烧感疼痛，在宝宝躺下的时候，这种情况会变得更加严重。即使及时去医院治好了，这种胃灼热的感觉宝宝也会一直记住，以后躺下了就会回想起这种疼痛，导致宝宝烦躁不安。

还有一些疾病会让宝宝变得比平时更加喜欢睡觉。然后在宝宝清醒的时候，看上去也是一副很疲倦的样子，跟平时完全不一样。不管宝宝是多睡还是少睡，只要跟平时的规律不一样，而且爸爸妈妈也没办法找到原因，很有可能就是生病了，这个时候一定要带宝宝去医院，让医生给宝宝做检查。

◎感冒导致宝宝打鼾

感冒是导致宝宝打鼾的一种常见现象，才出生几个月的宝宝呼吸道比较狭窄，而当宝宝感冒的时候，局部就会产生炎症，进而发生肿胀，从而导致分泌物增多，这样就很容易阻塞宝宝的呼吸道。

如果这个时候宝宝睡觉的姿势不好，如仰卧睡眠的时候，舌头根部会稍微往后倒，就会将宝宝咽喉处的呼吸道堵掉一半，当宝宝开始呼吸的时候，空气通过鼻腔、口腔和咽喉、附近的黏膜组织或者肌肉就会产生振动，从而导致宝宝打鼾。

◎宝宝过于肥胖

肥胖的人都有可能会打鼾，宝宝也不例外，肥胖的宝宝比起一般的宝宝，打鼾的概率高很多。

肥胖的宝宝咽喉的软组织比较肥厚，软腭、咽喉壁的脂肪层都比较厚，所以睡觉的时候，脂肪就容易阻塞呼吸进来的空气，导致宝宝打鼾。

◎宝宝扁桃体肿大

扁桃体位于咽喉部，呼吸道和消化道的交会处，把守着咽喉要道，因为有大量的淋巴组织存在，所以是抵御外界病原的重要据点。

有的宝宝扁桃体过于肥大，导致咽喉两侧的扁桃体几乎碰在了一起，堵满了咽喉腔，大大压缩了空气进入呼吸道的空间，从而造成呼吸不顺畅，而且从肺部、气管处呼出的气体也无法从鼻腔顺利呼出去，所以睡觉的时候，宝宝张开嘴巴呼吸，会发出呼噜声。

◎宝宝增殖体肥大

增殖体是聚集的淋巴组织，位于鼻咽腔顶部和后部，能够使宝宝产生抗体，帮助宝宝抵御呼吸道病菌的入侵。在宝宝3～6岁的时候，增殖体生长最旺盛，8岁后逐渐萎缩，成年后就会完全消失了。

正常的增殖体对宝宝没有任何的影响，但是如果增殖体过于肥大，就会阻塞住后鼻孔，阻碍空气进入鼻腔，当宝宝睡觉以后，从气管中呼出的气体也很难从鼻腔里呼出去，只能被迫从嘴里呼出去，气体冲击舌头根部的组织，摩擦挤压而发出呼噜声。

增殖体肥大有先天性的，也有后天形成的。当外界气温发生变化的时候，宝宝的抵抗力下降或患上呼吸道感染、扁桃体炎、鼻咽炎、鼻窦炎等病症的时候，都有可能导致增殖体肥大，此外，过敏性鼻炎也能造成增殖体肥大。

宝宝打鼾会有哪些后果

宝宝打鼾，对宝宝会产生非常严重的后果，除了影响睡眠质量，那些引起宝宝打鼾的疾病还会对宝宝的生长和发育造成非常不利的影响。

宝宝打鼾会对宝宝造成哪些很严重的后果呢？

宝宝打鼾会影响睡眠吗

熟睡中的宝宝在正常情况下睡觉都是悄然无声的，但是细心的爸爸妈妈也会发现可爱的宝宝偶尔会发出异样的声音，比如打鼾、粗粗的喘气声、咕哝的声音等，打鼾在成年人身上是非常普遍的现象，也没有什么不好的影响，但是为什么发生在成年人身上的打鼾会出现在宝宝身上呢？爸爸妈妈最好去医院找医生给宝宝做个检查，通常情况下，这是由于鼻塞造成的，但是你也不能确定。因为这很有可能是一种病症，甚至是某种严重疾病的信号。

鼾声一般是由于呼吸道造成压迫或者阻塞，从而产生振动后形成的，任何一种可能会在宝宝睡眠的时候压迫宝宝呼吸道使之变得狭窄，甚至阻塞的原因都可以导致宝宝打鼾。一般情况来说，导致宝宝打鼾的原因分为4种。

◎导致宝宝面部畸形

宝宝打鼾的时候，因为鼻腔和咽喉部位受阻，所以只能张开嘴巴呼吸，长此以往，就会影响宝宝牙齿的咬合能力。如果爸爸妈妈不闻不问或者毫不在意，听之任之，长期下去就会影响宝宝的脸部发育，导致脸部发育畸形，产生硬腭高拱、牙齿排列不整齐、嘴唇变厚、上唇上翘、面部表情呆滞、精神萎靡等医学上所谓的“增殖体面容”。这不仅会影响到宝宝的五官发育，还会让宝宝从小就会产生自卑心理，对宝宝以后的学习、工作、婚姻都会产生很大影响。

◎影响宝宝听力发育

增殖体肥大，不仅会导致宝宝打鼾，还有可能会压迫到旁边的咽鼓管，从而导致宝宝患分泌性中耳炎，不仅影响宝宝夜间的睡眠质量，增加宝宝的痛苦，还可能会导致宝宝听力下降，甚至使宝宝耳聋。

◎影响宝宝睡眠质量，导致抵抗力下降

打鼾会严重影响宝宝的睡眠质量。呼吸道被堵住了，空气就很难通过，宝宝不能呼吸到充足的氧气，在夜间就会被迫醒来，大口大口地喘气。因为太累了，宝宝过一会儿就会重新入睡，每当宝宝进入深度睡眠的时候，呼吸道就会被阻塞掉，然后就又会醒来，如此往复，宝宝根本不可能睡得好，就算早上醒来了也会非常疲倦。

◎导致大脑供氧不足

宝宝长期打鼾，会导致呼吸不顺畅，长期都是处于缺乏足够氧气供应的状态，大脑长期缺氧，就容易出现精神萎靡、头痛、头晕、反应迟钝等现象。

宝宝生长发育的时候，对氧气的需求量是非常大的，如果大脑长期缺氧，不仅会对宝宝的智力发育造成影响，还会减少生长激素的分泌，使得宝宝的身体发育也受到影响。

及时调整宝宝打鼾的状态

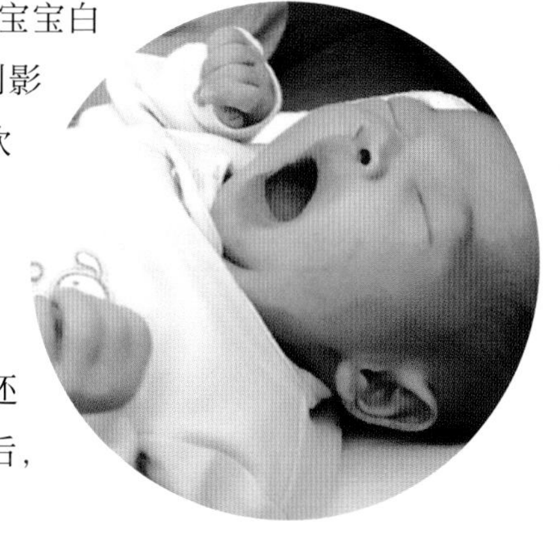

夜晚休息不足，会导致宝宝白天无精打采，食欲也会受到影响，甚至一吃奶就哭闹。饮食不佳，摄入的热量和营养就会跟不上，因此就容易导致宝宝生长和发育迟缓，身体素质低于同龄的其他宝宝，身体的抵抗力下降。从而导致宝宝体质虚弱，还会出现贫血、消瘦和营养不良等病症，上学后，学习能力也会受到影响。

◎改变宝宝睡眠的姿势

当宝宝睡觉的时候打鼾，爸爸妈妈最好把宝宝的睡姿调整成侧卧比较好，有的爸爸妈妈会问了，不是说侧卧容易造成宝宝猝死吗，那为什么还让宝宝侧卧呢?

在宝宝刚出生的时候，侧卧睡眠确实比仰卧睡眠有更高的概率导致宝宝猝死，但是当宝宝四五个月乃至更大一点的时候，猝死的概率就大大减小了，所以爸爸妈妈不用担心。

侧卧可以改变宝宝咽喉软组织的位置，使宝宝的舌头后部不至于后垂，挡住呼吸道，同时还能减少滞留的分泌物，使宝宝的呼吸变得顺畅，这样宝宝也不会打鼾了。

◎及时治疗宝宝的感冒

宝宝一旦出现感冒的症状，就要到医院按照医生的指示及时治疗。治疗及时不仅可以阻止扁桃体发炎，还能减少呼吸道的分泌物，如果处理得好，宝宝根本就不会出现打鼾的情况。

此外，还应该多带宝宝去户外散步，进行足够的空气浴和日光浴，这样就能增强宝宝对外界刺激的抵抗能力，增强身体素质，减少感冒的发生。

◎养成规律的生活习惯

规律的生活习惯会减少感冒和其他疾病的发生，也可以使宝宝精力充沛，抵抗力加强，不易被病菌入侵。良好的饮食习惯可以使宝宝吸收到足够的营养，增强宝宝的体质，使宝宝健康成长。此外，还应减少宝宝睡前的剧烈活动，不要让宝宝吸收太多的糖分，这样在一定程度上可以抵御疾病。

◎使用手术治疗

如果宝宝的增殖体肥大使宝宝打鼾变得十分严重，爸爸妈妈们就应该及时果断地采取措施，让宝宝接受手术，进行手术切除。

经验★之谈

除了充足的睡眠，3个月以后的宝宝还需要合适的锻炼。这个时候，宝宝每天都应该到户外活动3个小时。如果天气很好，可以把婴儿车推到户外去，不过最好还是抱着比较好。宝宝对外面的世界是非常好奇的，会不停地扭动胳膊、转动脑袋，所以对宝宝来说，散步是一项非常好的运动。

宝宝的睡眠习惯会随着大脑的发育而改变

在宝宝刚出生不久的时候，需要依靠爸爸妈妈的帮助，来让宝宝学会分清白天和夜晚，从而养成规律的睡眠习惯，其实宝宝自己也有这个能力。

宝宝的大脑发育非常快，所以宝宝的行为也会随着大脑的发育而发生许多令人惊喜的变化。

当宝宝4个月的时候，脑电波已经不再是新生儿的脑电波了，而是一种更为成熟的、更加接近儿童的脑电波，与此同时，大脑的工作方式也与以前截然不同了。而当宝宝处于睡眠状态下的时候，脑电波则会更为成熟，以前每天晚上几段短暂的睡眠时间，也会渐渐被合并成为一段或者两段较长的睡眠。

当宝宝在4个月左右的时候，宝宝的视觉系统会发生很大的改变，这就会对宝宝的睡眠产生影响了。

宝宝才出生以及最初的1个月左右，宝宝的视力相当不好，看东西的距离有限，只能看清前方20～30厘米之内的东西。也就是说，当妈妈抱着宝宝进行母乳喂养的时候，宝宝刚好可以看清妈妈的眼睛。

随着宝宝慢慢成长，当宝宝4个月大的时候，1米以内的人或者事物，宝宝都可以看清楚了，而且还能自己长时间抬头了。这个时候，当把宝宝放在视野开阔的地方，比如爸爸妈妈的腿上或者椅子上的时候，他就会东张西望四处看，宝宝已经对周围的景物产生很强烈的兴趣了。于是慢慢地，宝宝就会在白天让自己保持更长的清醒时间来熟悉这个世界，那么与此同时，在夜晚睡眠的时间也就相应地加长了。

3～4个月的宝宝睡眠状况

当宝宝3～4个月的时候，他的各种状态都发生了很大变化。在清醒的时候，宝宝会变得更加多姿多彩。他会微笑、发出各种各样的笑声，甚至会大笑。在晚上也睡得更好了。

这个时候，爸爸妈妈们依然要留心宝宝的睡眠，因为这个时候，宝宝已经懂得了许多。他会更想要爸爸妈妈的陪伴，不想去黑暗安静的卧室睡觉，当爸爸妈妈带宝宝出门的时候，外面的世界又是这么的有趣，飘落的树叶，水流声、风声，移动的云朵，这些对宝宝都有着非常大的诱惑。

所以，宝宝会变得不那么想入睡了。他更愿意在白天清醒更长的时间，所以会抵抗睡意来获得爸爸妈妈更多的陪伴和玩耍。

这个阶段，宝宝的哭闹的强度也会加大，很多没有经验的爸爸妈妈会认为自己的宝宝是不是生病了，或者是饮食上出了什么问题。

其实，造成这种现象的大部分原因，是由于宝宝过于疲惫了。这个阶段，宝宝受到了很多来自外界的刺激，同时爸爸妈妈对宝宝照顾不规律也容易造成这种现象。

这个时候，爸爸妈妈们也应当继续培养宝宝规律的睡眠习惯，同时避免过度刺激宝宝。

如何安排3~4个月宝宝睡眠

在上面我们已经了解到了3～4个月大的宝宝的睡眠情况以及可能出现的问题。那么在这个时候，应该怎么样更好地安排宝宝的睡眠呢？

在这个阶段，爸爸妈妈们依然要培养宝宝有规律的睡眠，和对待1个月左右的宝宝一样，不要让宝宝的清醒时间超过两个小时，当他清醒的时间快超过两小时的时候，就哄宝宝睡觉。

两小时的清醒时间只是一个大致的范围，如果宝宝从生下来不久就养成了规律的睡眠习惯，那么白天大约在清醒了两小时左右，宝宝都会很容易入睡，如果让宝宝清醒太长的时间，或者爸爸妈妈突然有事不在家，那么长时间的清醒会让宝宝受到外界的过度刺激，变得烦躁、爱发脾气等，这都是过度疲惫的表现。

过度刺激并不是宝宝玩耍或者运动强度过大的意思，只要宝宝醒着，那么就是在受外界的刺激，清醒的时间过长，那么就会受到过度刺激。

在白天，让宝宝在9:00～10:00这段时间小睡是比较好的，所以爸爸妈妈们要计算好时间，在这个时间点上，用可以用到的方法哄宝宝入睡。并且在随后的每天都严格执行。

经验★之谈 在这个阶段，爸爸妈妈们就可以开始培养宝宝自我安抚的能力了。这种能力能够帮助宝宝在没有爸爸妈妈陪伴的情况下进入梦乡。不过，根据宝宝的个体差异，有的宝宝能够很快习惯，有的宝宝习惯得却没这么快。

如何培养宝宝自我入睡能力

培养宝宝自我安抚入睡的能力是非常有必要的，这不仅可以帮助宝宝睡长觉，在夜里醒来时也能让自己重新入睡，还能让宝宝获得成长所需的足够睡眠。此外，自我安抚能力是一种有利于宝宝的重要技能，在睡眠之外的其他情况下，比如爸爸妈妈工作时、马上要走出房间时，或者宝宝心情不好时，对宝宝都有非常大的帮助。

在宝宝3个月以后，是最适合培养这种能力的时候。虽然宝宝并不能通过爸爸妈妈的语言来学会这种能力，但是爸爸妈妈们可以提供给宝宝自我学习的机会和环境。

这就像宝宝学习爬一样，如果爸爸妈妈总是抱着宝宝，不让宝宝下地，那么他永远都不可能知道怎么爬，因为他待在地板上的时间太短了，是不可能学会爬的。睡觉也是同样的道理，如果爸爸妈妈总是抱着宝宝，摇晃着让他入睡，他就永远没有机会学习如何自我安抚入睡。那么如何教会宝宝自我安抚入睡的能力呢？

经验★之谈

这个时候最好把宝宝的睡觉时间提前一点，不要让他过度疲倦了，因为过度疲倦导致的后果是非常严重的。最后，爸爸妈妈们思考一下自己是不是真的给了宝宝学习这种能力的机会，让他去发现自己入睡的方法，如果依然是宝宝一出声就急着去安抚他，没有给他自己想办法入睡的机会，那么宝宝是永远不可能学会的。

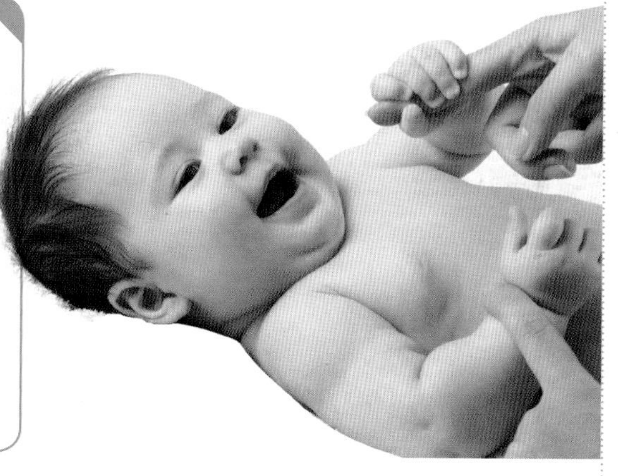

首先要培养好宝宝规律的睡眠时间和固定的睡眠程序。每天晚上都尽量在相同的时间睡觉，这样可以让宝宝每天一到固定的时间就会想到睡觉。然后在宝宝睡觉的地方，选择固定的睡前程序，比如帮宝宝洗澡、讲故事、轻轻哼歌等，长期下去，宝宝就会知道每当爸爸妈妈开始这么做的时候就是该睡觉的时候了。

当爸爸妈妈做完这些事情以后，宝宝应该就是昏昏沉沉欲睡的非睡状态了，这时爸爸妈妈应该在宝宝还没有完全睡着之前把宝宝放进他的小床里。然后宝宝就会乖乖地慢慢睡着。也有些宝宝由于长期依赖摇晃入睡，这个时候还不能睡着，这就需要爸爸妈妈耐心多重复训练一段时间了。

当然，爸爸妈妈也可以采取一些比较干脆的做法。比如说在睡觉的时间，给宝宝说一声“晚安”，然后就离开宝宝的房间，可以在门外站一会儿后再进去看宝宝睡着了没，也可以不再进去。

或采取一些循序渐进的办法，比如最开始可以在宝宝的小床边，然后慢慢远一些，到房间中央，最后到房门口。这样给了宝宝一个缓冲期。

有的爸爸妈妈会发现，无论自己给了宝宝多少个学习自我入睡的机会，可是宝宝就是学不会自我安抚入睡，这到底是什么原因呢?

其实，原因是多种多样的。有可能是宝宝还太小，还没有发育出能够学会自我安抚入睡的能力，这个就像出生2～3个月的宝宝，就算你把他放到地上一天，他也不会学会爬的。如果宝宝是这个原因而无法学会，那么就稍微等上几周再尝试，如果有必要，等上1个月也可以。还有可能是宝宝太累了，过度疲倦导致宝宝烦躁、哭闹、无法安静。

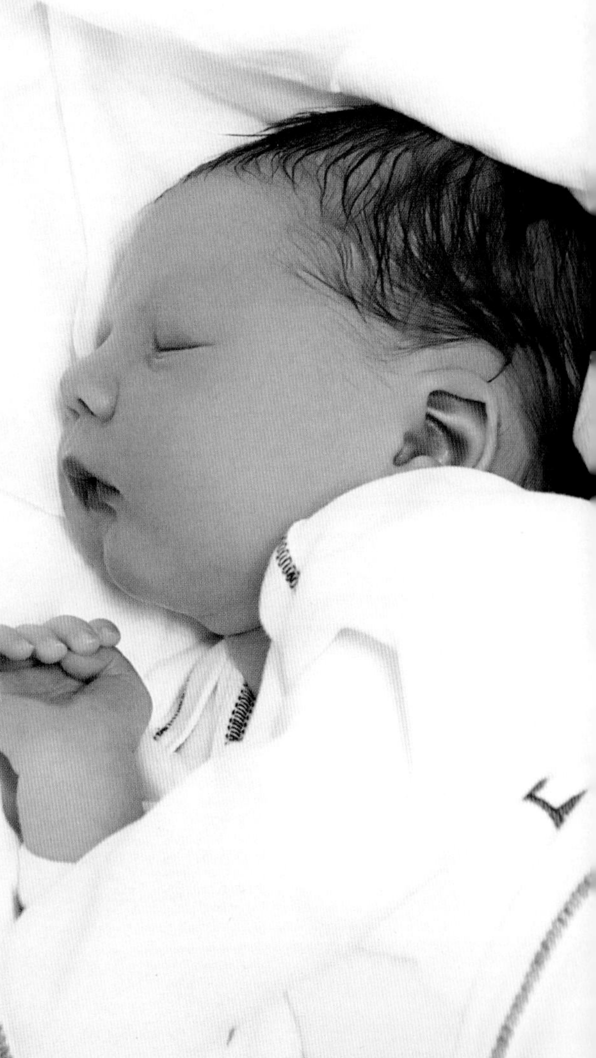

6~7个月

宝宝的睡眠

逐步纠正宝宝入睡难的问题

在很多人看来，宝宝的睡眠都是很香的，但是宝宝依然会存在入睡困难的问题，当宝宝遇到“睡眠障碍”的时候，爸爸妈妈应该怎么帮助宝宝渡过难关呢?

如果宝宝只是暂时性的入睡困难，那么妈妈也不要像以前那样，把宝宝抱在怀里摇晃，也不要让宝宝吃着奶或者含着奶嘴入睡，这都是不好的。妈妈也不要因为着急宝宝而表现得太过焦急和烦闷，因为宝宝已经会看妈妈的脸色了，焦急或烦闷会增加宝宝的压力。

这个时候，妈妈应该给宝宝提供一个安静、温暖、光线较暗的房间，然后按照之前的睡眠规律，在宝宝清醒的时间内，给予宝宝大量的刺激，比如带宝宝出去散步、空气浴、教宝宝认东西等，当到了该小睡的时候，宝宝就会感觉累。

如果是晚上，在睡觉之前不要让宝宝做剧烈的运动，给宝宝洗个热水澡，换上干净舒适的衣服，再让宝宝喝点温开水就可以让宝宝入睡了。

经验★之谈 对于早睡早醒的宝宝，爸爸妈妈可以有意识地推迟宝宝入睡的时间，每天都推迟10～15分钟，这样，慢慢地宝宝早晨醒来的时间也就会推迟了。

对于晚睡晚醒的宝宝，爸爸妈妈可以慢慢地提前宝宝入睡的时间，每天都提前10～15分钟叫醒宝宝，这样便可以慢慢地把宝宝的入睡时间提前了。并且，爸爸妈妈在白天也要减少宝宝睡觉的时间，同时在晚上睡觉前的4个小时内不要让宝宝睡觉。

同时，宝宝睡眠失调也有可能是由于室温不适或者是睡衣不舒服以及饥饿造成的，爸爸妈妈在平时要注意孩子的这些不适表现。

经验★之谈 在冬季，让宝宝多到室外晒太阳，不仅可以增强宝宝身体的抵抗力，降低宝宝患感冒等其他疾病的概率，而且还可以促进宝宝的睡眠。但要注意的是，当宝宝在户外活动时，一定要做好宝宝的保暖工作，并且要让宝宝慢慢适应室内和室外的温差。让宝宝在刚开始户外活动的时间缩短一些，然后再逐渐延长。

宝宝在冬季出现的睡眠不安稳，很有可能是由于室温过高导致的。因此，爸爸妈妈应该适当地调节卧室的温度，20℃左右的室温是最适宜宝宝睡眠的温度。

当宝宝在睡觉过程中出现踢被子或者是突然摆动手脚时，爸爸妈妈无须过于紧张，因为宝宝的这些反应正是浅度睡眠的表现，只需要宝宝自然入睡就可以了。

建立更完善的睡眠时间表

4～5个月大的宝宝，是很难让他懂得规律小睡时间的。但是当宝宝六七个月以后，就能够完全地按照规律去做了，所以这个时候，爸爸妈妈也应该帮助宝宝巩固一下这样的睡眠程序。

早上，很多宝宝在7点左右就会醒，当然这个时间也会因人而异，有的宝宝醒得稍早，有的宝宝醒得稍晚。

在早上9点钟的时候，让宝宝进行第一次小睡，所以在早上清醒的两个小时内，尽量给予宝宝更多的信息。这样能让宝宝小睡的质量更好。

第二次小睡的时间最好控制在中午12点到下午2点之间，最迟不应该晚于下午3点。

第三次小睡是在3～5点，但是第三次小睡就显得可有可无了。因为在这个年龄段的宝宝，大部分是没有第三次小睡的，当宝宝到了9个月以后，几乎所有的宝宝都不会再有第三次小睡了。

如果没有第三次小睡，那么这段时间就可以带宝宝去户外活动，可以去公园，也可以喂宝宝吃些东西。

在晚上6～8点的时候，就可以控制宝宝让他上床睡觉了。晚上，宝宝大约会醒来两次，当宝宝第一次醒来的时候，会距离上一次喂食4～6个小时，此时宝宝饿了，应该给宝宝喂食。第二次夜醒的时间是凌晨4～5点，有可能是因为大、小便或者是饿了，及时地回应宝宝，然后让他入睡。

宝宝睡眠不好，爸爸妈妈相互指责怎么办

有的爸爸妈妈对自己的宝宝总是过于关心了，这可能是因为宝宝经常生病的缘故，让爸爸妈妈以为宝宝非常脆弱，甚至连哭闹都会让他受到伤害。

忽然有一天宝宝整晚都哭闹，爱子心切的爸爸妈妈用尽一切办法都不能让宝宝入睡，这时爸爸妈妈双方就开始因为愧疚和心疼而相互指责了，矛盾也会变得越来越大，有些还会为此而吵架。

遇到这样的情况，最好的解决办法就是爸爸妈妈把宝宝带到医院去检查一下身体，然后向儿科医生说一下遇到的问题，如果宝宝身体健康，那么完全没有必要担心宝宝的哭闹。也可以向知心朋友倾诉一下，或者咨询一下同龄的年轻爸爸妈妈们是怎么看待和处理这个问题的。

经验★之谈 每天都在差不多相同的时间准备上床睡觉，或者在洗澡和“刷牙”之后（为了让宝宝习惯睡前刷牙，很多爸爸妈妈都会用软布擦拭宝宝的牙床作为清洁）。要按照同样的顺序去做每一件事，比如，先讲故事，再唱摇篮曲，最后亲亲宝宝说“晚安”。

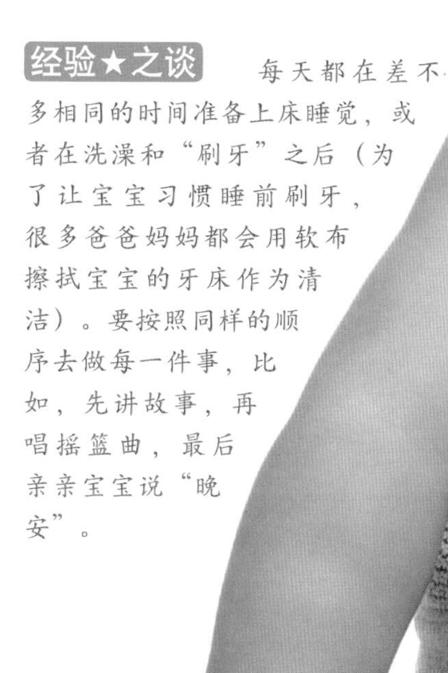

对待睡前哭闹，态度要既关爱又坚定

这个阶段的宝宝很容易形成特定的习惯：你亲亲他，跟他说“晚安”，然后离开房间，宝宝大哭；你再次出现，抱抱他，然后亲亲他，说声“晚安”，再次离开房间，他又开始大哭。如此往复，宝宝和你会陷入一种恶性循环，让妈妈和宝宝都疲惫不堪。

你可以试试不要管他，随他哭闹。一旦宝宝知道哭闹并不能让爸爸妈妈过来哄他，他就会停止哭闹。这么做还有一个更加积极的作用：让宝宝学会独自入睡所必需的技能。大多数身体健康的宝宝都能够自己安静下来，然后慢慢入睡。但是，如果爸爸妈妈总是去安抚，宝宝就永远都得不到独立学习这些重要技能的机会了。

不理会宝宝睡觉之前的哭闹一般都会奏效，而且肯定是最快的解决办法。但是并非每个宝宝都适合这种方法。在宝宝痛哭不止的时候，很多爸爸妈妈都会不忍离开。有些爸爸妈妈担心，让宝宝继续哭闹会对他造成生理或心理上的伤害，尤其是让宝宝连续哭30分钟以上。我认为这种担心是没有必要的。如果宝宝既不饿也没有弄脏尿布，而且平常也得到了很好的关爱和爸爸妈妈的回应，那么就没理由认为睡前哭闹会带来什么危险或者造成什么伤害。

8～12个月

坚持有规律的睡前程序

坚持有规律的睡前固定程序。有规律的睡前固定程序特别重要，每天晚上的事情都会按照同一种方式进行，这会让年幼的宝宝有一种安全感和控制感。因此，先给宝宝洗个澡，再把他安顿好，和他一起看一本画册，给他讲个故事，或者唱首歌给他听，然后亲亲他且跟他说“晚安”。每天晚上都要遵循同样的方式，不管你想出多么充满柔情又令人安慰地睡前固定程序，帮助宝宝完成从白天到夜晚的转换，都要形成惯例。

正确对待宝宝早起的问题

宝宝的性格是各不相同的，有的宝宝起床很早，而有的宝宝则起床比较晚。如果爸爸妈妈习惯起床稍晚，或者需要闹钟响起才能醒来，那么如果他们有一个习惯了早起的宝宝，肯定会很苦恼。造成宝宝早起的原因很多，比如光线太亮、声音太吵等等。

而处于学步期的宝宝，很多都会有早起的习惯了。大约在早上5点钟的时候，他们就会醒来了。甚至会想要下床。因为宝宝晚上睡得比较早，所以这么多小时的睡眠已经足够让宝宝清醒了，虽然爸爸妈妈很苦恼，但是不可能强行要求宝宝晚点起床。

经验★之谈 在宝宝步入学步期的时候，新的挑战也会随之出现。上床睡觉意味着要和白天有趣的活动说再见，特别是要和爸爸妈妈说再见。睡觉还意味着要面对孤独。年幼的学步期宝宝可能会因为在学习走路的过程中不断发现的新奇刺激而感到眼花缭乱，只有在累得不行的时候才会入睡。他们很可能连做梦都会梦到走路。大一点的学步期宝宝在夜里可能会开始变得焦虑起来，或者经常因做噩梦而惊醒。

独立的过程中会有磕磕绊绊

之所以会有那么多家庭都感到让宝宝睡觉是一项艰难的事，其中一个原因就是，孩子和爸爸妈妈一样，对独立性和彼此的联系有着强烈的感情。宝宝有一种自然的、与生俱来的需要，要感受到与爸爸妈妈的关系，还要感受来自爸爸妈妈的保护。但是从大约9个月开始，宝宝也会产生强烈的欲望，想去探险，还想独自做一些事情。独立和依赖——这两种需要之间的冲突正是很多学步期宝宝容易发怒的原因。宝宝希望完全控制自己并享有彻底的自由。与此同时，他们也想和爸爸妈妈联系在一起。

对于宝宝的独立性，做爸爸妈妈的感觉也很复杂。作为爸爸妈妈，我们希望自己的宝宝知道自己会永远属于我们，但是我们也希望他能够用自己的双脚站着，自己去幼儿园、上学，然后独自入睡。我们希望年幼的宝宝能够应付这些分离的时刻，但我们也经常偷偷地心存疑问：他们真的会一切顺利吗？宝宝通常对爸爸妈妈的情绪极为敏感。即使他们发现了我们的焦虑，那么分离就会让他们变得更加难受，即使我们极力安慰他们，或者表现出自信又坚定的样子也没有用。而随着宝宝变得越来越难过，我们也会渐渐地相信，他们真的无法应付这样的情形。

对于那些整天在外工作，无法跟宝宝在一起的爸爸妈妈来说，睡觉时也要跟宝宝分开会特别困难。如果爸爸妈妈在下午6点到家，而宝宝上床睡觉的时间是7点半，那他们在一天当中就真是没有什么时间可以相处了。在这种情况下，忙碌的爸爸妈妈可能无法温柔地对宝宝说“晚安”，而是会用一种坚定的语气说：“现在你该睡觉了。我相信你能自己睡，而且会睡得很好。”其实这也是完全可以理解的。

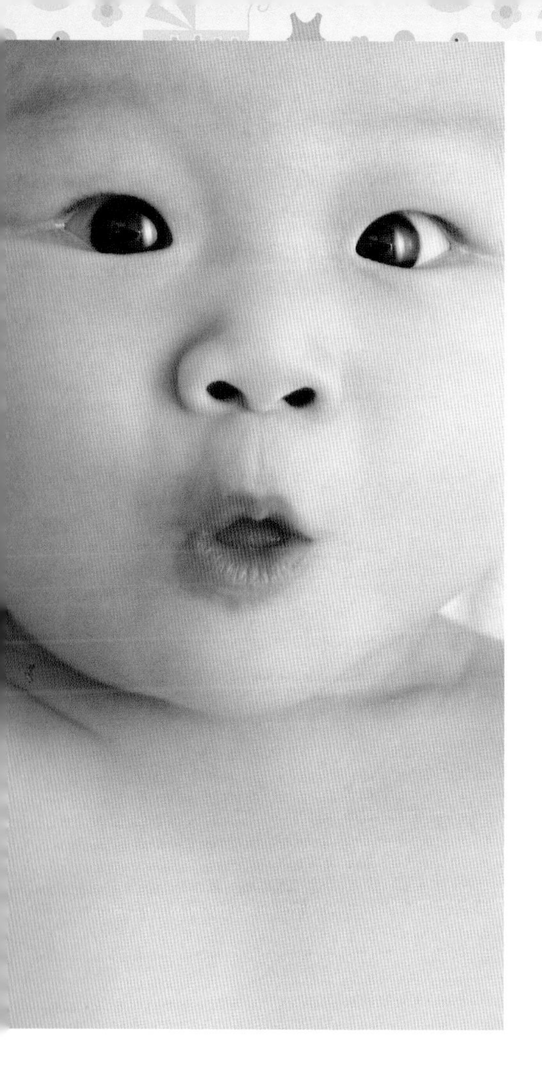

明确对待宝宝的花招和发怒 很多学步期宝宝都会在睡觉的时候要求再讲几个故事、再喝几杯水，或者多去几趟厕所等，想以此来拖延睡觉的时间。这些要求虽然有的时候会使宝宝显得机灵可爱，但是当他们向筋疲力尽的爸爸妈妈再次提出一个任务时，还会使用一种极度渴求的语气，让爸爸妈妈不知如何拒绝。为了避免睡觉时间无休无止地推迟下去，也避免你的拒绝可能引发的宝宝愤怒，你要提前跟宝宝做好约定。可以对宝宝说：“我们今天要讲两个故事，喝一杯水，去一趟厕所，拥抱两次，亲三下，然后就说‘晚安’。”形成一套常规的程序，然后坚持不懈。如果宝宝提出更多的要求，你就向他解释，今天只能“听两个故事，喝一杯水，去一趟厕所”。也就是简单地重复你自己的话。如果宝宝非要让你解释为什么，那么最好的回答就是“因为这正是我们睡觉前要做的事情”。不管你是否相信，大多数学步期宝宝（甚至学龄前儿童）都会对这种循环往复的回答感到满意。

还有一种有效的策略是“三步法”：承认宝宝的要求，说明满足这些要求的限度，然后用充满希望的语气收场。比如，你可以说：“我知道你想听更多的故事，而且不想现在就睡觉。但是现在到了该睡觉的时间了，咱们不能再讲故事了。我们明天早上再讲更多的故事。”

经验★之谈 如果让宝宝单独待在床上会让你觉得内疚，那么就要问自己：我的担心有意义吗？我是不是在给宝宝提供一个培养自我安抚的机会？如果你觉得上床睡觉的时间似乎来得太快了，就可以考虑把宝宝的睡觉时间推迟一点，只要第二天早上他能起得晚一点就行。婴儿和年幼的宝宝都需要长时间睡眠，但不一定非得在特定的时间开始睡觉不可。

宝宝何时可以培养独立睡眠

中国的爸爸妈妈，通常都习惯同宝宝一起睡，认为既方便又能增进亲子感情，其实宝宝也有自己的独立性，想独自一个人玩。

大约在9个月的时候，宝宝的独立性就会慢慢显现出来。想要自己一个人去溜达，也想要独自一个人做一些事情，这个时候的宝宝总是希望能完全控制自己的所作所为，而不想受到爸爸妈妈的处处干涉。

但是这并不是说，宝宝想要离开爸爸妈妈独自生活，宝宝依然非常依赖爸爸妈妈，需要爸爸妈妈的关怀和照顾。

自我的独立性和对爸爸妈妈的依赖感同时存在。但是年幼的宝宝还不懂得平衡两种情感，所以这个时期的宝宝是比较容易发脾气的。

对于宝宝这样的情感，爸爸妈妈心里也是非常复杂的：既希望自己能够长时间地照顾宝宝、陪宝宝、关爱宝宝，但是同时也希望自己的宝宝能够独立地吃饭、睡觉、走路，甚至上学。

改变往往是难以承受的，自己的宝宝是否能够承受得住这些改变呢？宝宝的人生会一切顺利吗？

宝宝已经学会察言观色了，爸爸妈妈复杂的情绪如果表现在脸上，那么也会传染给宝宝。比如说，宝宝晚上一个人睡觉会害怕，此时如果爸爸妈妈对宝宝露出信任的微笑，那么宝宝也会渐渐安定下去，慢慢睡着。

经验★之谈 如果爸爸妈妈因为担心宝宝一个人会害怕而流露出担忧的情绪，那么宝宝就会真的害怕而难以入睡。

对于宝宝的独立性，虽然爸爸妈妈的情绪很复杂，但依然还是要培养宝宝自我独立的能力。因为这样更加有利于培养宝宝对抗负面情绪，以及对抗挫折和独自面对以后的人生的能力。在宝宝的成长过程中，如果不具备这些能力，那么就会阻碍宝宝的成长。

宝宝怕黑怎么办

年幼的宝宝怕黑是正常现象。他们的想象力都很丰富，而且还不能完全分辨真的东西和假的东西。夜里的恐惧感对于他们来说似乎相当真实。

如果宝宝在睡觉的时候真的很害怕，那么就不要采取强硬的态度，要求他一人待在自己的房间，否则只会让宝宝觉得更加孤单，也更加害怕。所以，你要学会分辨宝宝是真的害怕，还是仅仅把“我害怕”当成借口，好把你拽回到他的房间。如果宝宝真的害怕，你就要在他的房间里多陪他待一会儿，让他感到安心。如果不论你怎么努力，宝宝的恐惧都无法消除，你就应该带宝宝去看看，或者找儿童心理专家咨询，帮助宝宝应对自己的恐惧。

经验★之谈

年幼的宝宝怕黑是很正常的，因为这个年龄的宝宝还不能分辨真假，所以即使是只是存在于电视上或者绘本上的怪兽，也会让宝宝觉得很真实，在黑夜来临的时候，会让他感到非常害怕。

不过，解决宝宝怕黑的问题，爸爸妈妈能起到关键作用。宝宝总认为只要爸爸妈妈在就是绝对安全的，所以爸爸妈妈可以用这一点来安慰宝宝。比如用纸画一个护身符，贴在宝宝的小床上，然后很严肃地告诉宝宝，这个东西可以让怪兽害怕，即使宝宝知道不是真的，他也会安心很多。

如果宝宝依然还是很害怕，爸爸妈妈就要多陪宝宝待一会儿，给他唱儿歌，讲故事，让他安心，不要让他觉得自己很孤单。

1~1.5岁

宝宝的睡眠

让宝宝每天有1~2次小睡

这个年龄段的宝宝，一半以上每天都只有1次小睡了。这是一个较为艰难的变化过程，那么应该如何让宝宝平稳度过呢?

爸爸妈妈可以让宝宝晚上上床睡觉的时间提前一点，这样宝宝早上起来后就会精力充沛，自然而然上午的这一次小睡就会慢慢消失。到了下午，宝宝就会困了，这时候让宝宝睡上一觉，就不会导致宝宝过度疲劳。然后晚上继续让宝宝早点上床，如此往复，度过这个转变的过程就会相对轻松很多。

如果晚上宝宝睡觉比较晚，那么第二天早上的小睡就会延长，这样自然而然就挤掉了下午的那次小睡，到了下午和傍晚的时候，宝宝就会很累了，到了晚上睡觉的时候，宝宝早已经累过头了。

如果爸爸妈妈晚上非常想和宝宝一起玩而导致宝宝晚睡，也可以在第二天宝宝早上小睡的时候，强行缩短他小睡的时间，然后在宝宝醒来以后带他去玩，给予足够的刺激，那么在下午的时候宝宝就会感到有点困了，这样就可以保证宝宝在傍晚不会过度疲劳。

宝宝不愿意在床上待着该怎么办

当宝宝一两岁的时候，对外界的兴趣、对爸爸妈妈的依赖都在与日俱增，而且和爸爸妈妈之间的交互活动也在增加，这个时候，宝宝总是喜欢在该睡觉的时候跑下床去找他们的爸爸妈妈，想要和爸爸妈妈一起玩。

为了保证宝宝的睡眠，避免宝宝过度疲劳，爸爸妈妈可以想一些办法来制止或者减少这样的行为。

有的爸爸妈妈会给宝宝买一个小帐篷，然后在宝宝睡觉以后用胶带将拉链处粘住，这样就能防止宝宝跑出来了，也许这么做会让爸爸妈妈觉得对宝宝充满了愧疚和歉意，而且在住帐篷的头几天，宝宝也会因为不习惯而大哭。

但是这确实是一个行之有效的办法，而且过几天之后，宝宝习惯了这个小帐篷，就会非常喜欢它了，因为宝宝觉得小帐篷里面足够安全。

有的爸爸妈妈不愿意给宝宝买小帐篷，他们有另外的办法，就是把宝宝的房间门锁上。

这也是一个有效的办法，因为如果爸爸妈妈只是单纯地站在门边阻止宝宝出门，那么肯定会收效很小。因为宝宝会用大哭大闹来吸引爸爸妈妈的注意，最终让爸爸妈妈缴械投降。

爸爸妈妈锁上门离开了，宝宝见不到爸爸妈妈，哭一会儿就会不哭了，然后乖乖去睡觉，因为他知道再哭也无济于事。

经验★之谈

当然，也可以不用一开始就给宝宝锁上门，爸爸妈妈可以先告诉宝宝，睡觉的时候不能出门，如果悄悄溜出来被抓到了，以后就要锁上门了。爸爸妈妈甚至可以带着宝宝去挑选锁，以此来告诉宝宝这是认真的。

刚开始，宝宝肯定会忍不住溜出去，当他被赶回卧室，然后锁上房门后，宝宝就会渐渐明白睡觉的时候不能离开房间了。

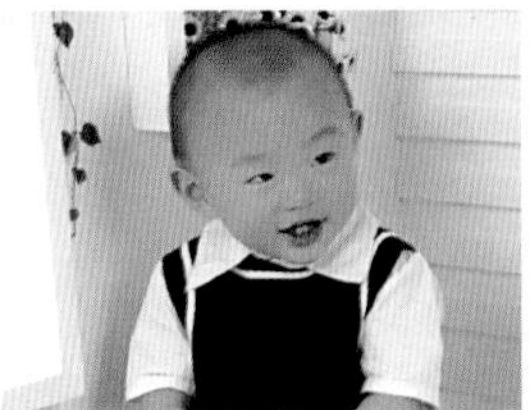

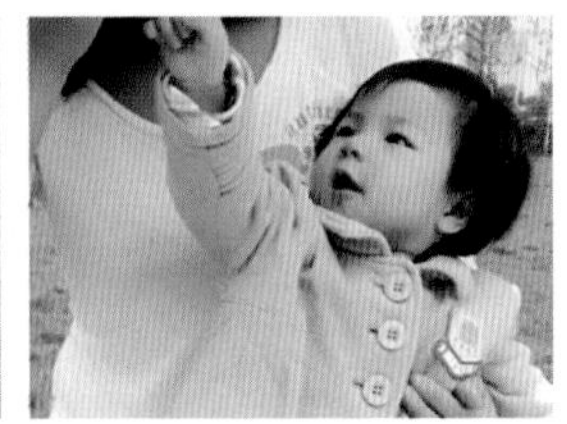

宝宝做噩梦怎么办

年幼的宝宝做梦的时间很长，所以也会做噩梦。当宝宝做噩梦的时候，爸爸妈妈都会陪在宝宝身边安慰他。不过，爸爸妈妈最好不要若无其事地告诉宝宝做噩梦算不了什么，因为这会让宝宝觉得自己没有得到重视和关心，也不要告诉宝宝他是因为年龄太小才会做噩梦的，因为这样做往往会让宝宝觉得羞愧。

爸爸妈妈要对宝宝的噩梦表示出足够的重视，让宝宝了解爸爸妈妈知道宝宝做了一个很吓人的梦，同时也要让宝宝知道，梦里的一切都是不真实的，然后告诉宝宝，爸爸妈妈会一直陪在宝宝身边。

有的爸爸妈妈会把宝宝带到自己的床上睡觉，这样会让宝宝觉得很安全，但是也会养成宝宝回到自己床上就不敢入睡的坏习惯，所以最好是在宝宝的房间里安慰宝宝。

如果你已经给了宝宝足够的安慰，但他每个月还是会做一两次噩梦，那你就需要减少宝宝可能接触到的可怕景象或暴力画面，也不要提及这些东西，因为它们可能会刺激孩子做噩梦。这种情况下，我通常会给爸爸妈妈开一张“非暴力处方”，要求他们保护宝宝不接触到电视新闻或动画片中的恐怖因素，也不要讲可怕的故事。这个“非暴力处方”最关键的部分，就是要爸爸妈妈在处理家庭冲突和分歧时特别注意。如果爸爸妈妈会使用愤怒的语言、大喊大叫、互相威胁，或者动用武力，那么这些行为就很可能会提高宝宝的紧张程度，从而导致噩梦。

经验★之谈 如果宝宝经常做噩梦，那么就要从噩梦的源头找起了。导致宝宝做噩梦的因素非常多，比如电视新闻、电视剧、动画片里的可怕场景、爸爸妈妈之间的争吵，甚至动用武力等，这些都是刺激宝宝做噩梦的因素，所以爸爸妈妈们一定要尽量避免宝宝接触到这些因素。

宝宝夜惊怎么办

夜惊是年幼的宝宝常见的一种睡眠障碍，表现为在睡觉以后不久会突然醒来，惊叫并大声地呼喊，还伴有惊恐的表情和动作，并且呼吸加快，瞳孔放大，出汗。过了十几分钟，宝宝又睡着了，并且第二天对夜惊的事情一点记忆都没有。

很多健康的宝宝都会出现夜惊的现象，短则一周一次，长则几个月一次。有些宝宝出现夜惊的原因是承受的压力过大，从而通过夜惊释放出来，经历过自然灾害，比如地震、海啸的宝宝，就容易出现夜惊的现象。

不过，夜惊对宝宝并不危险，因为宝宝这个时候是处于深度睡眠之中的，所以不会到处活动，也不会做出伤害自己的举动，所以爸爸妈妈尽可放心，不用去管宝宝。

如果宝宝夜惊比较频繁，而且每次夜惊的时间大都一致，那么也可以在每天夜里快要到那个时间的时候把宝宝叫醒，这样就能避免宝宝夜惊了。

1.5～2岁

找出宝宝不想睡觉的各种原因，并有针对性地改善

宝宝到了1～2岁的时候，很多爸爸妈妈都松了一口气，认为现在可以不用太过担心宝宝的睡眠问题了，其实那就大错特错了。

这个年龄段的宝宝，入睡也不是那么容易的，因为这个时期宝宝睡觉之前最喜欢向妈妈撒娇了。正常情况下，宝宝绝对不可能在妈妈给他换上睡衣、盖上被子以后就安静入睡。

即使是白天已经不撒娇的宝宝，到了晚上也会一直缠着妈妈不让离开，因为他们都希望妈妈陪着自己入睡。这个时候最好的做法就是陪在宝宝身边一直到他睡着。

这个年龄段的宝宝，对妈妈依然有着深深的依恋，即使口头上说自己能拿勺子了、能尿尿了，但是内心深处依然是希望和妈妈联系在一起。如果妈妈拒绝睡前撒娇的宝宝，而是扔下他离开，让他自己睡觉，那么无疑会增加妈妈和宝宝之间的隔阂，白天宝宝也会越来越不听话。所以，当宝宝睡前撒娇的时候，妈妈应该高兴地陪着宝宝，让宝宝安心且快速地进入梦乡。

有的爸爸妈妈会把洗澡加入到睡前程序里面去，如果这样能够让宝宝快速进入梦乡，那么就给宝宝洗完澡再让他睡觉。

喂母乳长大的宝宝，这个阶段依然有夜间吃母乳的习惯，虽然不好，不过如果这样可以加速宝宝睡眠，也可以给他吃一会儿。要根据宝宝所处的环境及其性格，因人而异地断奶，不要过度刺激宝宝。

也有很多宝宝睡前离不开奶瓶，在他喝完奶以后也可以让他抱着奶瓶睡觉，不过要相应减少白天的牛奶摄取量。

尽量让宝宝不要拒绝小睡

宝宝一天天在成长，新奇的世界会吸引宝宝的目光，如果家里有聚会，宝宝肯定不想错过这么热闹又让人兴奋的时刻，所以宝宝会拒绝小睡。

怎么样才能让宝宝不拒绝小睡呢?

爸爸妈妈要做的就是确定一个时间，宝宝累了，但是却还没有到过度疲劳的时间。一般起床以后3～4个小时宝宝就比较累了，但是却还没有过度疲劳的时间段。

在这个时间段里，把宝宝抱到卧室，放到床上，执行既定的睡前固定程序，然后让宝宝睡上1个小时。

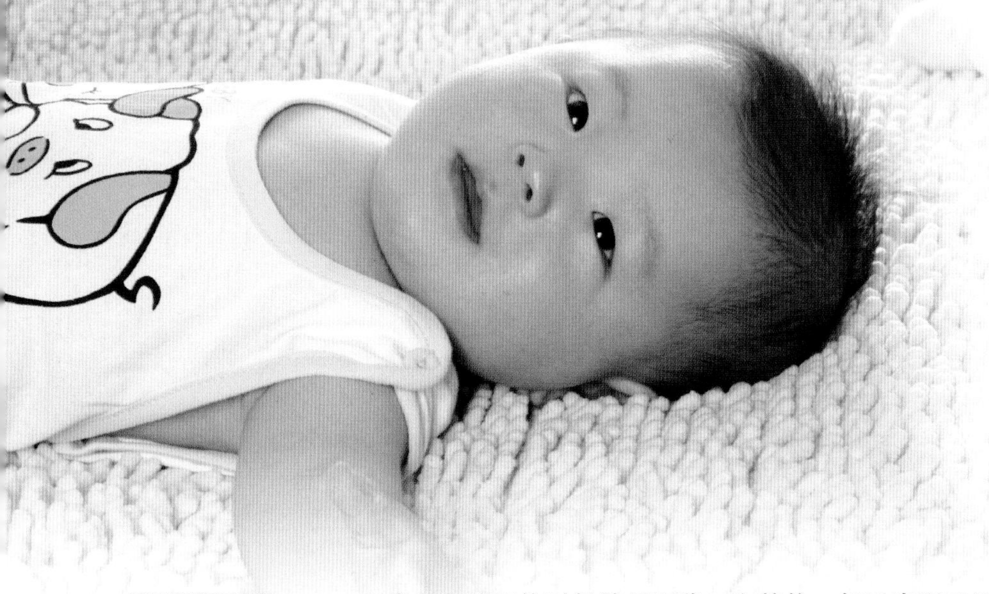

宝宝哪些睡眠状况要注意

正常宝宝睡眠的时候就是平稳、安静的，如果出现了平时没有见过的表情，爸爸妈妈就要警惕了。

◎宝宝满头大汗

大多数宝宝晚上出汗都是正常的，但是如果大汗淋漓，那就不正常了，因为这很有可能是因为宝宝缺乏维生素D而引起的佝偻病，要及时咨询医生。

◎宝宝入睡后脸颊发红、呼吸急促、脉搏加快

当宝宝出现这种状况的时候，就表明宝宝很有可能要发热了，爸爸妈妈在白天的时候就要注意观察宝宝是不是有感冒或者腹泻的症状。

◎宝宝入睡后哭闹、抓耳朵

这很有可能是宝宝患了湿疹或者中耳炎，爸爸妈妈可以观察宝宝的耳朵里面是否有红肿的现象，身上是否有红点，如果有则应该立刻就医。

◎宝宝入睡后不断地咀嚼

这有可能是宝宝消化不良了或者是得了蛔虫病，这时应该及时到医院检查。

◎宝宝入睡后手指抽动或肿胀

这种情况一般都是宝宝的手指被发丝或者细长的其他丝线缠住引起的，爸爸妈妈应该及时检查。

2~3岁

宝宝的睡眠

正确处理宝宝睡觉磨牙

有的宝宝睡觉的时候会有磨牙的情况，造成宝宝磨牙的原因有很多，比如龋齿、缺钙、有蛔虫致肠胃功能紊乱等。

遇到这样的情况，妈妈应该怎么做呢？首先，每天要让宝宝认真地清理牙齿，这样可以减少龋齿的产生。其次，爸爸妈妈不要让宝宝睡前一个小时做剧烈的运动，这样就不会导致宝宝睡前精神紧张，舒缓的睡眠会减少磨牙发生的概率。当妈妈在给宝宝准备饮食的时候，尽量要做到营养均衡，而且吃饭的时候也不要让宝宝吃得太多。如果宝宝还是磨牙，那么最好把宝宝带到医院去检查比较好。

经验★之谈 专家指出，孩子睡觉磨牙本身除可造成摩擦牙齿的轻微损害外，对身体并无明显影响，轻度(不是每夜发生磨牙)和中度(每夜发生)一般不需治疗；对于严重病例，如每晚发生，有牙齿损伤、下颌关节异常的，应到正规医院口腔科矫正。也有人认为与紧张、周围环境的变化、咬合关系不稳定有关。目前的治疗方法是制作殆垫，夜晚佩戴，可以降低磨牙的频率，但不能根治。磨牙可能会伴随患儿终身。

安排好宝宝的午睡

两岁大的宝宝中，很大一部分都只需要1次小睡，到了3岁的时候，已经没有宝宝会在白天睡两觉了，这其中很少一部分宝宝连唯一的一次午睡都省了。

这个时候，爸爸妈妈就要重新安排一下宝宝的睡眠规律了。如果宝宝不睡午觉，可以试着拖延一下宝宝晚上睡眠的时间，20分钟或者半个小时都可以，如果宝宝醒来的时候依然很有精神，那么以后就可以按照这个时间入睡，因为这样更容易让宝宝睡午觉。

如果宝宝的睡眠时间比较晚，那么也可以在此基础上提前20分钟到半个小时，这样也可以让宝宝更好地午睡。

通过以上的方法，可以促进宝宝的午睡，但是当这种改变到来的时候，宝宝也许会不适应，这个时候就需要爸爸妈妈来慢慢减弱改变带来的刺激。所以固定的睡前安抚程序是必不可少的，除了之前形成的固定睡前程序，宝宝还有可能需要更多的安抚才行。这样大约一周以后，宝宝就会慢慢习惯新的睡眠时间。

经验★之谈

2～3岁的宝宝，平均的午睡时间大约是两小时，因为个体不同，睡眠时间也存在着差异，从1～3个小时不等。虽然两小时的午睡时间是标准时间，但是只要在这个区间之内，稍长或者稍短都没关系。如果宝宝的午睡时间不在这个范围之内，但是却很精神，那么也没什么不好。

正确对待宝宝赖床的问题

宝宝赖床也是有很多原因的，并不只是单纯的怕冷而已。睡眠不足是造成宝宝赖床的重要原因，如果宝宝午睡时间过长或者睡醒的时候已经快到傍晚了，那么就会造成宝宝晚上睡觉的时间过晚，而一般来说宝宝需要睡上10个小时才能休息得足够好，所以到了早上宝宝会因为睡眠不足而不想起床。

如果宝宝半夜的时候容易做噩梦、夜惊，或者有磨牙的习惯的话，也会影响睡眠质量。

此外，3岁上幼儿园的宝宝，如果被其他小朋友欺负或者被老师批评，也有可能通过赖床来抗拒去幼儿园。

宝宝如果赖床，爸爸妈妈们一定要正确对待。改掉宝宝赖床的毛病不能一蹴而就，所以不能因为心急而乱发脾气，要知道，3岁的宝宝生活规律依旧是大人在控制，所以爸爸妈妈要耐心地慢慢引导。

首先，爸爸妈妈要以身作则，早上起床以后穿戴整齐再去叫宝宝起床，晚上宝宝睡觉的时候也要停止目前的活动，不要一边看电视一边催宝宝去睡觉。

其次，要控制好宝宝午睡的时间，如果睡两个小时就能让宝宝精神起来，那么就不要睡3个小时。

如果宝宝身体上有什么不适而造成晚上睡眠质量不佳，爸爸妈妈一定要尽早带宝宝去医院检查。

睡前的准备也很重要。睡觉之前，督促宝宝把第二天去幼儿园要用的东西都准备好，如果天气不太好，还应该准备好雨具。这样第二天早上起来就不会急急忙忙收拾东西，也不会忘记带东西了。

很多宝宝因为怕黑，所以拒绝睡觉，这也导致他第二天早上会赖床。所以一定要帮助宝宝克服怕黑的心理。可以给宝宝买一盏他喜欢的夜灯，用微弱的灯光帮宝宝驱除恐惧，也可以在光线较暗的时候用手摆出很多手影，告诉宝宝这只是影子而不是怪兽，还可以挑选宝宝喜爱的动画片里面正义英雄的玩具，放在宝宝枕边，这样就能极大地帮助宝宝克服黑暗带来的恐惧。

如果宝宝对起床有强烈的抵触情绪而导致大发脾气，爸爸妈妈也可以提前叫宝宝起床，然后再让他自己发泄一顿，这个时候一定不要去责骂他，等宝宝哭够了、哭累了，就会安静下来，这个时候再慢慢安慰他、开导他，然后再和他一起做出门的准备工作。

经验★之谈 爸爸妈妈可以事先和宝宝商量睡眠的时间和起床的时间，让宝宝遵守自己的承诺，这样即使宝宝自己起不来，爸爸妈妈去叫他的时候，他也知道现在是应该起床的时间了，不会发脾气或者哭闹。

此外，也可以营造一个欢快舒适的起床环境。闹铃声可以用轻柔舒缓的音乐，或者是宝宝喜爱看的动画片里人物的声音来代替。如果是爸爸妈妈亲自叫宝宝起床，则可以为宝宝放一段童话故事，让宝宝在轻松愉悦的气氛中醒来。

3~6岁

小睡消失后调整宝宝睡眠

当宝宝随着年龄的增长，小睡的时间会越来越少，时间也会逐渐缩短。这个时候，很多爸爸妈妈就想取消宝宝的小睡，可以让宝宝白天多参加一些活动。

有的宝宝在白天需要睡一个午觉，但是这个午觉睡了以后，到了晚上睡觉的时间，宝宝反而会变得难以入睡。出现这样的情况，可以暂时取消宝宝的午睡，然后在晚上让宝宝早点上床，如果第二天早上宝宝起床的时候精神焕发，那么就是到取消宝宝午睡的时候了。

不过，有时候爸爸妈妈为了让宝宝参加其他的活动，就突然取消午睡，会让宝宝难以适应。

取消午睡，让宝宝晚上早点睡这种方法，很多爸爸妈妈都可以采纳，但是也有一部分都在上班的爸爸妈妈不喜欢，因为这样会使得他们和宝宝一起玩耍的时间缩短。下班回家，才吃完晚饭，宝宝就要去睡觉了，和宝宝玩耍和交流的机会变得很少了。这个时候，可以用另一种办法弥补宝宝缺少的睡眠。每周六和周末，让宝宝在家里小睡，其他时间则安排一些轻松、安静的活动。

但是，宝宝错过了小睡是永远也没办法弥补回来的，所以爸爸妈妈需要仔细考虑。

循序渐进地帮助宝宝入睡

3岁多的宝宝在晚上睡觉的时候或许不会用哭闹的方式来表达自己不想睡觉的意愿，他们大多都会大声地呼唤爸爸妈妈的名字，以表达自己对爸爸妈妈的不舍和对黑暗的恐惧，向爸爸妈妈索要安慰来拖延睡觉的时间。

当遇到这样的问题时，爸爸妈妈要做的就是首先找出影响宝宝不睡觉的因素，然后慢慢来消除它们，这个过程应该循序渐进地进行。

在刚开始的前几个夜晚，爸爸可以坐在宝宝的床边给宝宝讲一会儿故事，接下来可以尝试着少陪宝宝待一会儿，其余的时间则坐在一旁看报纸，如果宝宝并没有感到不适，就可以一直进行下去。之后，不要再给宝宝讲故事，而是安静地坐在一边，当宝宝习惯以后，就可以试着在宝宝半梦半醒的时候退出宝宝的房间了。这样的方法可以使大多数宝宝的睡眠得到改善。

入园之前调整睡眠习惯

实际上，0～1岁是宝宝睡眠行为形成的关键期，24小时的昼夜节律一般在1岁以内就已经确立了。但有很多父母是到自己要上班了、宝宝要上幼儿园了，才想到去调整孩子的睡眠习惯。

宝宝的睡眠习惯一旦形成，再去纠正就有点难了。所以，最好在宝宝四五个月的时候，就有意识地培养他良好的睡眠习惯。

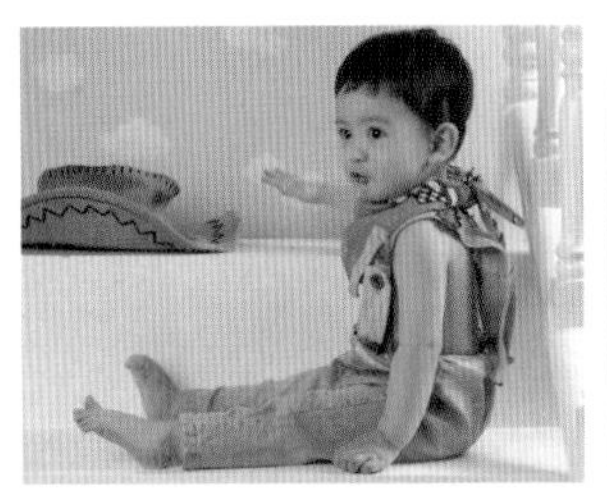

入学前需要改变睡眠策略吗

孩子6岁了，也该离开幼儿园，进入小学了。环境的改变肯定会对宝宝的睡眠造成一定影响，那么孩子的作息制度会变成什么样呢？是否需要调整呢？

在幼儿园的时候，孩子入园的时间是相当自由的，早一点晚一点都没有关系，所以这个阶段孩子每天大约有11个小时的充足睡眠。但是进入小学以后，学校就会对孩子的上学时间做出严格规定了，比如规定孩子每天早上必须在7点30分之前到学校，不然的话就会把孩子的名字记下来，还会给班级扣分，有些严厉的老师还会让孩子罚站等。这样一来，孩子每天的睡眠时间自然而然就缩短了不少，尤其是早上的时间。

而且，宝宝白天要面对40分钟一节的课程，如果学习成绩或者表现得不好，被老师惩罚，被同学欺负，肯定会情绪低落，注意力不集中，孩子过度疲劳就会打瞌睡，严重的情况下还会导致孩子厌学。

所以，根据情况调整孩子的睡眠是非常有必要的。爸爸妈妈可以让宝宝提早上床睡觉，养成他早睡早起的好习惯，等宝宝适应新的睡眠时间以后，才能有足够的精神和精力来应对白天的学习。宝宝晚上在家学习的时候，可以以20分钟为一个周期，让孩子学习20分钟后放松一下，这样既不会让孩子产生厌学的情绪，也不会导致孩子过度疲劳。

如果宝宝学习不认真，成绩不好，爸爸妈妈也不要一味地斥责宝宝，因为现在的小学课业任务繁重，孩子从幼儿园到小学，不管是睡眠状况还是心理状态，都需要一段时间来进行调整，所以爸爸妈妈应该多鼓励孩子，和孩子耐心地聊天，培养孩子的学习兴趣，这样孩子的成绩自然就会跟上去，睡眠也会逐渐转好。

宝宝的饮食

0~2周

宝宝的饮食

选择母乳喂养

母乳不仅仅具有营养价值，而且当您抱着宝宝在胸前哺乳时，最近的距离看着宝宝的面孔，抚摩着宝宝的肌肤，这无论对宝宝还是对您都是非常幸福的事。宝宝有享受最适合于自己的乳汁的权利，不要让宝宝失去这种特权。

母乳喂养既方便又安全，因为无论在哪里，只要妈妈露出胸部就可给宝宝哺乳，根本不必带着配方奶罐、热水和奶瓶，且配方奶和奶瓶在使用前都必须严格消毒。母乳是已“消毒”好后分泌出来的，还含有针对从外入侵病毒的免疫抗体。另外，宝宝通过母乳从母体获得的免疫抗体还能有效地防止病毒所引起的炎症。

宝宝的吮吸可刺激妈妈子宫的收缩，所以母乳喂养的妈妈，产后恢复也比较快。母乳喂养的妈妈至少10周（长者可达6个月）内不排卵，不容易在短时间内再次怀孕。远期观察，母乳喂养的妈妈与非母乳喂养的妈妈相比，乳腺癌的发生率也要更低。

学会打开乳腺管

产后1周内，母乳并不像想象中那么充足，所以不能充分地满足哭闹要奶的宝宝。在医院里如果听到“您的乳汁不够，改用人工喂养吧”等劝告，不要轻易放弃母乳喂养。第一周并不是真正的泌乳期。如果妈妈出奶时宝宝无法第一时间吃到乳汁，这时也不应放弃，应当把乳汁挤出并保存好。挤奶效果不好时，也可用吸奶器收集母乳，妈妈仍要定期挤奶，将乳腺管打开，以便回到家后继续母乳喂养。万事开头难，所以各位妈妈一定不要轻易放弃母乳喂养。

充分保证妈妈自己的营养

妈妈的营养摄入直接影响宝宝的营养指数。如果妈妈营养不足，即使母乳分泌很多，浓度也会很低。如果您在怀孕前为了防止发胖而食用减肥食品，那在哺乳期应采用普通食谱。如果您在怀孕期有服用复合维生素的习惯，那在哺乳期应当继续坚持。母乳中含有丰富的钙质，有利于宝宝骨骼的发育。单纯的母乳喂养需6个月左右，妈妈骨钙含量会下降，所以应补充钙剂。如果妈妈补钙不及时，骨质变软，到老年时可导致骨质疏松，容易发生骨折。

采用正确的母乳喂养方法

为了能更好地喂养宝宝，您要知道正确的喂养方法。

◎应尽早开始哺乳

母婴刚刚度过分娩的历程，都很疲劳，应稍作休息。恢复快的宝宝仅过两小时，就会哭着要奶，此时如果妈妈身体状况允许，可以开始哺乳。但某些宝宝过了12小时才想要奶。重要的是不能急于喂养，急于喂养会使母乳分泌减少，甚至导致妈妈乳头破裂。初产妇第一周大部分都会出现“母乳不足”的情况，这段时期宝宝体重有所下降，是正常情况，妈妈无须过分担心。

◎哺乳时间不必固定

妈妈每次分泌的母乳量并非总是一样的，而且哺乳初期宝宝吮吸的方式也不是固定不变的。所以，每次给宝宝喂养的乳量也并不相同。另外，宝宝因饥饿而哭闹的时间也不相同，有时为1小时，有时为3小时，一般宝宝两个月内应每两小时喂1次奶。如果妈妈的奶量逐渐增多，宝宝的胃中也能存食了，那么宝宝3个月时吃奶的时间自然而然会延长到3个小时1次。在夜里宝宝至少会因要奶吃而醒来两次，此时一定要满足他的要求。

◎促进乳汁分泌

促进乳房泌乳的最好方法是让宝宝用力吸奶。所有的妈妈都不是一开始就能分泌很多乳汁的，多是在宝宝吮吸的过程中，逐渐增多的。如果宝宝吮吸能力比较弱，可以让别的宝宝或宝宝的爸爸吮吸以刺激乳房，也能促进乳汁分泌。在产后第四天，乳房明显发胀变硬，这是泌乳的前兆，并不是乳腺炎。此时可以做乳房按摩，避开硬结从其周围向乳头方向轻揉5～10分钟。同时用温度适宜的湿毛巾热敷，每次2～3分钟。按摩的力度要适当，可使妈妈恢复元气，情绪稳定，泌乳增加。同时，保证妈妈足够的睡眠是非常重要的。

◎乳头完全塞入宝宝嘴里

为了便于宝宝含住乳头，妈妈应该将乳头完全塞进宝宝嘴里，把宝宝的嘴塞得满满的。从两侧观察，宝宝不是用舌头在吮吸，而是用两颊在吮吸。所以要想把宝宝的嘴塞满，同时还必须用手指夹住乳房的前部，在宝宝张嘴时，把乳房深深地放入宝宝的口中。记住哺乳前应将手洗净，也可用热毛巾将手擦干净。

◎喂完后轻拍宝宝的背

无论采用什么姿势哺乳，在哺乳后都要把宝宝抱起来，上身直立，用手掌轻拍背部，使之打嗝儿。宝宝在吮吸的同时，也将空气一同吞入。这些空气在宝宝胃中大量积存，在躺下时，会因为打嗝儿把刚吃的奶又吐出来，可能造成窒息。因此，在喂完奶后，要让宝宝打嗝儿，把空气排出来。

学会判断乳量是否真的不足

对妈妈来说，有的人分泌乳汁多，有的人分泌乳汁少。分娩后1周内尚不能确定是不是母乳不足。因为乳房分泌乳汁的多少有一定的个体差异，许多妈妈在产后第一周根本没有分泌乳汁，第二周开始突然乳量增加，尤其是初产妇常常出现这种情况。

对宝宝来说也存在个体差异，以往认为出生后1周，宝宝的体重应恢复到出生时的体重，但现在许多宝宝到了第十天才恢复到出生时的体重。所以，过了1周宝宝没有恢复到出生时的体重，也不能确定是母乳不足。

前半个月应坚持尝试母乳喂养。这个时期，即使因母乳不足导致宝宝体重下降，母乳充足以后也可以很快得到补偿，根本不必担心是否会引起宝宝脑发育迟缓等其他问题。

乳汁分泌不好时，让宝宝吸乳是促进母乳分泌的最佳刺激方法，所以母乳喂养次数越多越好。不必担心哺乳时间不定将来会导致生活不规律的问题。目前最重要的问题是促进母乳分泌。母乳充足，哺乳时间自然而然就规律了。

如果在哺乳后，宝宝还是每隔20分钟或30分钟就哭1次，即使抱起来也哭闹不止，并且总是这样，甚至夜里也哭个不停，几乎不怎么睡觉，这也许是真的母乳量不足了。妈妈可在宝宝出生后第十五天为宝宝称一次体重，只要比出生时增加200克就可以算作泌乳正常。如果此时的体重与宝宝刚出生时相同，则应加喂配方奶，记住并不是换成配方奶。

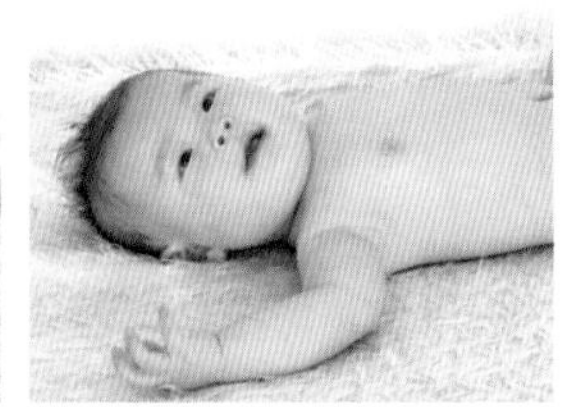

喂配方奶的方法

在给宝宝喂配方奶时，妈妈一定要亲手抱起宝宝。怎么坐都可以，只要坐得舒服即可。当妈妈的肌肉放松时，宝宝会感觉到母体的柔软。让宝宝全身在吃奶的过程中都能感受到妈妈的爱抚。在整个过程中妈妈是起主要作用的，奶瓶只不过是一个小小的道具而已。但是，却不能让这个小小的道具变成影响母爱的一种障碍。

值得注意的是卧式哺乳，配方奶可能会进入宝宝咽喉部的耳咽管中，引起中耳炎。为防止出现这种情况，哺乳时也应使宝宝的上身接近直立，母乳喂养时也一样。

虽然出生后10天左右的宝宝每次的吃奶量不尽相同，但如果每次都吃不了50毫升就应去请教医生。出生后15天的宝宝一般每3个小时吃1次奶，每日吃7次，每次100毫升左右。有的宝宝每次能吃120毫升，每天吃6次。不过，食量大的宝宝有的1次吃120毫升还不够，但15天左右的宝宝最好不要超过此量。当宝宝啼哭要奶吃时，可喂些温开水。

哪些情况不能进行母乳喂养

◎妈妈为成人T细胞白血病病原体HTLU-I携带者时，不能采用母乳喂养。这是因为存在于母乳淋巴细胞内的病毒会随乳汁进入宝宝体内，宝宝以后有发生白血病的可能。

◎患艾滋病的妈妈所生宝宝有的在宫内没受感染，为防止经母乳传播，应禁授母乳。

◎隆胸手术的妈妈不宜母乳喂养，宝宝吃了这类妈妈的乳汁后，有发生食道疾病的可能，所以，这类妈妈也应禁止授乳。

◎妈妈为乙型肝炎患者，宝宝应在出生后立即接种疫苗，并停止母乳喂养。

◎对于患心脏病、慢性肾炎、糖尿病的妈妈，只要能承受分娩，就可以授乳。

什么样的配方奶好

当母乳不足准备加喂配方奶时，妈妈首先应考虑的是选择哪种配方奶好的问题。现在各种厂家生产的配方奶因有严格的质量控制标准，成分都差不多。实际上，配方奶中维生素的含量超过人体正常需要的1倍以上。3个月龄以前，宝宝不能充分吸收配方奶中的蛋白质，所以，吃得过多就会成为负担。应按配方奶罐上标明的调配方法进行冲调。

不管宝宝多么能吃，每天总的奶量应限制在1000毫升以内。即使是3个月以上的宝宝，如果每天喂5次奶，每次的奶量也不要超过200毫升。不过，有的宝宝不喜欢吃浓奶，此时可将配方奶冲调得稀一点。

2~4周

宝宝的饮食

正确增加宝宝的进奶量

宝宝现在的食欲增加了不少，妈妈要正确对待宝宝吃奶量，下面我们来看看不同的喂养都应该注意些什么？

◎母乳喂养时

如果家里有体重计，最好每5天给宝宝称1次体重。之所以这样做，是因为母乳喂养的宝宝，排便次数多，如果体重每5天增加150克以上，就可以认为奶量已经够了，也可以放心宝宝不是病理性腹泻。在母乳充足的情况下，有时宝宝体重每5天可增加200克以上，这是因为母乳的特殊性，持续也不会有问题。如果哭闹是因为宝宝情绪的原因，就可以再试着哺喂一些母乳。

◎配方奶喂养时

配方奶喂养时，宝宝吃得很香，睡眠也前所未有的香甜而且时间长。这样一来，多数妈妈就会认为如果再早点加配方奶就更好了。在看到宝宝的体重也在不断增加，就更坚定地认为不多喂配方奶是不行的。

这里有一个问题，喂了100～120毫升奶，待宝宝全部喝完之后，还在“吱吱”地吸空奶瓶。看到这种情况，认为喝配方奶越多越好的妈妈就会轻易地把奶量增加到130～140毫升。与母乳不同，配方奶量的增加是很容易的事。到140毫升，宝宝也能吃完。而且既不吐奶，也不腹泻。测量体重，平均每天增加40克以上，因此，妈妈就更加自信了，看到宝宝喝空了奶瓶还在吸，就想着再加20毫升。这种自信，不久就变成了喂养过度，使宝宝变得肥胖或不再爱喝配方奶。

1个月的宝宝，只用配方奶喂养时，1次喂100～120毫升比较合适。哺乳次数定为每天6～7次，两次哺乳时间间隔3小时，爱哭的宝宝有时不能等3小时。不过，即使分成多次哺乳，总量也以不要超标为好。配方奶配制时以包装盒上的说明为宜。

掌握挤母乳的方法

虽然为挤出母乳制造了各种各样的吸奶器，但仍然不如用手挤好。挤母乳时，首先要用香皂把双手洗干净，跪坐或者坐在椅子上都可以，挤左侧乳房时用右手，挤右侧乳房时用左手。冬天里要把手彻底温暖后再挤。

挤母乳时不是挤乳头，而是要挤位于乳头后存奶的乳腺管，它们排列在乳房周围的乳晕下。用拇指和其余的四个手指夹住乳头下的乳晕部，使手指平贴在乳房上，朝着胸部轻轻推，然后用拇指和其他四个手指勒紧乳房往前挤。

如果宝宝是未成熟儿且被放在医院保育器中，妈妈可以自己把奶挤出来给宝宝吃，即使妈妈先出院了，也可以把挤好的奶放进冰箱里冷藏（一般可保存5～6天）。

正确对待宝宝的体重数

从出生的时候起就开始吃母乳，而且妈妈的母乳很充足，此类宝宝出院时的体重有时能增加150克以上。相反，出生后一周内不太喜欢喝奶的宝宝，或者因为妈妈乳汁分泌不足而食量小的宝宝，即使过了半个月，和出生时相比，体重都不会有太大变化。尽管如此，如果母乳分泌逐渐增多，即使宝宝体重增加达不到一般体重曲线要求的程度，也没关系，还是不要急于添加配方奶为好。

在母乳分泌旺盛时，一周内，宝宝的体重每天会增加30～40克，在用配方奶喂养时，也可以以此为标准做参考。若体重平均每天增加50克以上时，就要考虑是不是喂得太多了。半个月时量体重，如果比出院时轻，宝宝还经常伴随着半夜哭闹，那就要加配方奶了。

有些时候不论母乳分泌如何充足，宝宝只吃完一侧母乳之后就很满足地睡去，这时，基本可以说这是个食量小的宝宝。他体重的增加也是每天20克左右，这样的宝宝即使试着加配方奶，体重也不会增加很多。喝配方奶的宝宝中也有食量小的宝宝，即使只喂70～80毫升也非常安静的宝宝是食量小的宝宝，想再多喂一些，也不会再吃，体重当然也不会增加。

宝宝“消化不良”怎么办

采用母乳喂养的妈妈看到宝宝出现“腹泻”时会很吃惊，经常认为这是一种疾病。

在开始的时候，每天排便2～3次，突然间每日排便达到7～8次。这是因为开始的时候母乳分泌少，后来母乳分泌增多的缘故。宝宝吃的量增多了，排便量自然也会增多。测一下宝宝体重马上就可以明白，因为体重肯定是急剧增加的。宝宝喂养得好坏只需要量一下体重就可以知道。多数情况下这种“腹泻”是正常的，待开始为宝宝添加辅食的时候，这种现象自然就会消失。

如果此时，家长决定带宝宝去看医生，那么要学会区分医生的诊断，看他是否观察宝宝的粪便，每次医生是否给宝宝量体重。如果宝宝情绪很好、很健康，就不要考虑为“消化不良”之类的疾病了。

不过这里还是需要提醒每个妈妈，虽然“消化不良”不是病，但是宝宝排便次数仍是增多的，每次给宝宝擦完小屁股，最好再用护臀膏擦一下，因为经常擦拭可能会擦伤宝宝的皮肤。

正确处理宝宝的便秘问题

一直是每日排便2～3次的宝宝，一过半个月，就变成了每日排便1次；到快一个月时，又变成了每日不到1次；持续下去，到一个月后又变成两日1次甚至间隔更长。这时，妈妈开始担心了。配方奶喂养的宝宝每次哺乳的量是很清楚的，每次哺乳100毫升，每天喂6～7次。这样很容易掌握宝宝是否摄入充足的营养。母乳喂养的宝宝，因为每次哺乳的量不是很清楚，所以可以试着考虑一下是否是因为母乳不足引起便秘。可以通过观察体重的增加情况来简单判定。

如果在便秘之前，每5天增加150克的体重，便秘后则变为每5天增加不到100克，就可以考虑为母乳不足引起的。

早产儿什么时候结束特殊照顾为好

通常，体重达到3千克，每次喝奶量持续达到100毫升以上，或者是体重每天平均增加30克以上时，就可以解除警戒。一般情况下在出生后半个月可以达到的话，便可按照正常宝宝进行之后的喂养。

宝宝的饮食

1~2个月

逐渐确定宝宝的吃奶量

◎用母乳喂养的宝宝

如果母乳很充足，宝宝在1～2个月这段时间，会是非常平和的时期。哺乳的次数也渐渐随着宝宝的“吃奶个性”而确定。食量小的宝宝白天即使过3个小时也不饿，甚至晚上也可以不哺乳，这样的宝宝晚上排便的次数也少。与此相反，把两个满满的乳房都吃干净的宝宝，排便的次数多，而且大多都是“腹泻便”，当然也有吃奶很多却便秘的宝宝。

使用体重计每5天在同一个时间测量宝宝的体重，如果5天内增加了150～200克是最好的。5天内体重增加不到100克的宝宝不仅晚上醒来的次数增多，吃奶的间隔也相对短一些，还会表现出很不满的样子。这样的话就要加1～2次配方奶。首先，在母乳分泌最少的时候试加1次配方奶。因宝宝一般都能喝120毫升，所以应1次喂配方奶100～120毫升。这样加1次配方奶之后，休息了1次的乳房下次就会分泌得很充足。如果宝宝半夜哭闹的情况减少了，就可以继续这样做。如果加一次不够，那么最好是在晚上11点左右加配方奶，让乳房休息。

想要确定加配方奶的次数，可以为宝宝量一下体重。如果以前每5天体重增加100克，加1次配方奶之后能增加150克左右，就说明加1次即可。不过，虽然开始每5天只增加100克，宝宝却一点也没有哭闹的表现，这种宝宝就是前面提到的食量小的宝宝。这种宝宝虽然只能喝100毫升，但是因为饱了，所以不会哭闹，就没必要勉强一定要加配方奶，即使是加了他也不会喝。

◎人工喂养的宝宝

如果您正在使用人工喂养，出生1个月的宝宝用配方奶喂养时，最重要的是不要喂过量，以免增加宝宝消化器官的负担。配方奶不足时宝宝会哭闹，告诉我们他饿了。可是配方奶喂多了，宝宝却不会发“牢骚”。食量大的宝宝即使是已经喝了足够的配方奶，也会吸着空奶瓶，显出还要喝的样子。如果认为这样是因为配方奶量不够而逐渐增加配方奶，就会在不知不觉中喂得过多。

大致的标准是：在1～2个月期间，喂800毫升左右正好，如果是分7次喂，每次喂120毫升；如果分6次喂，每次喂140毫升。不过，这只是一个标准，因为经常哭闹的宝宝，会吃得更多，而经常安静地睡觉的宝宝却吃得很少。食量小的宝宝不吃到标准量也可以，食量大的宝宝可以吃到150～180毫升，但是最好不要喂150毫升以上。用配方奶喂养的宝宝在这一时期，会每天多次排便，即使是每天排便4～5次，只要健康就不用担心。

要关注宝宝的排便情况

在排泄方面，宝宝排便、排尿的次数都比上个月减少了。到这个月龄每天排便8次以上的宝宝会减少到4～5次。不过上个月母乳分泌不足的妈妈，也会因为这个月母乳分泌的增加，导致宝宝排便次数增加。母乳喂养的宝宝一般比配方奶喂养的宝宝排便次数多一些。

在排尿方面，多数情况是哺乳前换尿布时就发现已经湿了，有的宝宝排尿后尿布一湿，就会通过哭声来告诉妈妈。这一月出现凸肚脐的宝宝，这多数是宝宝使劲过大的结果。哭闹和便秘的宝宝更易出现这种情况。

防止宝宝过胖

在配方奶喂养中，我们要防止宝宝过胖，这要看宝宝体内的热量是否超标。宝宝在出生4个月里，1/3的热量用于生长，日后因为运动量增加了，只有1/10的热量用于生长。如果每千克体重给予502.08千焦以上的热量，宝宝就会过胖。

这个热量我们应该怎么计算呢？细心的妈妈会从配方奶的热量和宝宝的体重中，算出宝宝应该摄入的热量。但是在配方奶的外包装盒上写的用法以及用量当中，并没有标明1次所用的配方奶是多少克，那就需要先称一下1匙配方奶多少克，然后才能计算出具体用量。因此，只要了解每天配方奶的总用量，就能计算出每天摄入了多少热量。把总的热量除以现在宝宝的体重就会知道1千克体重每天摄入了多少热量，看看是否超过了502.08千焦。如果按配方奶包装盒上的标准给宝宝喂养，发现摄入热量超标的话，可以比标准的量少给一些。

出生时体重就轻的宝宝，为了赶上正常的宝宝，有时所摄取的热量会超过502.08千焦/每千克体重。当赶上正常宝宝以后，便可以再降下来。如果每天每千克体重所摄入的热量在334.56千焦以下，就稍有些不足。但这样的热量对食量小的宝宝来说，也基本够用。

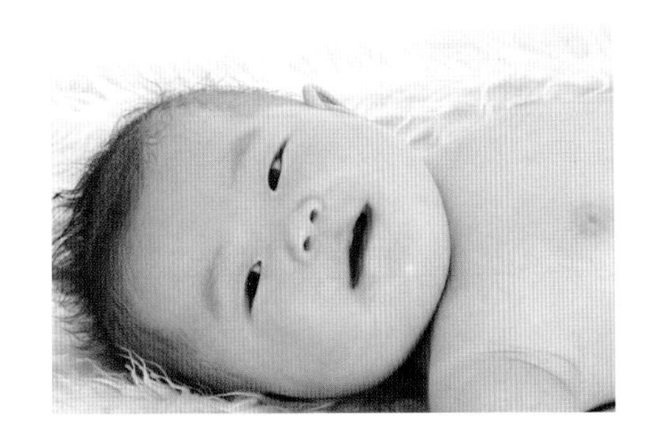

很多妈妈会觉得这样的计算太过麻烦，那么您也不必过于担心，只要每隔5天准时称量宝宝的体重，如果每次都比之前增加200克以上，就说明宝宝正在发胖。

正确解冻母乳

不论是冷藏的母乳还是冷冻的母乳，都会遇到存放和加热的问题。对母乳的加热方法要引起重视，如果方法不对就会破坏里面的营养成分。这里介绍一下加热冷藏母乳的3种方法：

◎隔水烫热法

如果是冷藏母乳，可以像冬天烫黄酒那样，把装有母乳的容器放进温热的水里浸泡，使母乳吸收水里的热量而变得温热。浸泡时，要时不时地晃动容器使母乳受热均匀。如果是冷冻母乳的话，要先泡在冷水中解冻，然后再像冷藏母乳一样烫热。

◎恒温调奶器

使用恒温调奶器，温度设定在40℃，加热母乳。

请注意如果是冷冻的母乳，可能会出现分层的现象，这是正常的。只要在喂食前轻轻摇晃将其混合均匀即可。

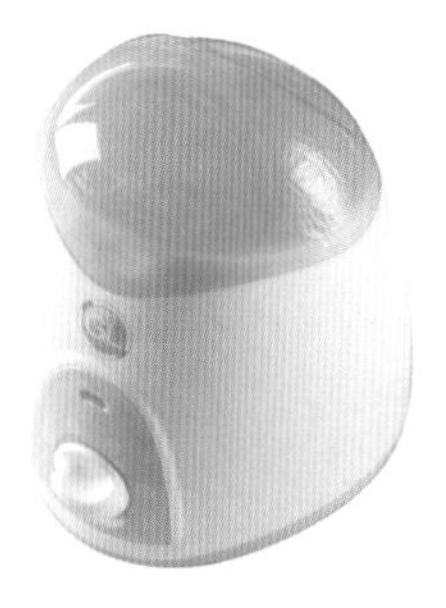

正确使用吸奶器

吸奶器是妈妈在母乳喂养中的必备物品，所以在吸奶器的选择和使用上也应该注意一些细节。

◎吸奶器的使用方法

在吸奶前，用熏蒸过的毛巾温暖乳房，并进行刺激乳晕的按摩，使乳腺充分扩张。控制力度，按照符合自身情况的吸力，进行吸奶。

在乳房和乳头有疼痛感的时候，请停止吸奶。

◎正确挑选吸奶器

具备适当的吸力；使用时乳头没有疼痛感；能够细微的调整吸引压力。由于吸奶并不是单纯的拉张乳头，所以并不是只要选择吸力强的吸奶器就可以了，所以吸力最好是可以调控的。

◎吸奶器的清洁和消毒

母乳中含有大量脂肪，在吸奶器使用后，在其配件中容易残留大量的油脂，所以请使用能够溶解油脂的安全洗剂来清洗吸奶器的所有配件，这样有助于下次使用。一般而言每天消毒1次即可，对于刚分娩完毕的妈妈来说，吸奶的频率相对高，但建议无须每次使用后都进行消毒和清洗。

过度消毒和清洗易造成配件过早老化，缩减吸奶器的使用寿命。建议每天彻底清洗一次乳渍及蒸汽消毒一次即可，这种消毒方式最为安全有效且更有利于保护配件。吸奶的间隙请注意使用吸奶器上配套的防尘配件。妈妈要注意一定按说明书上的要求消毒，因为吸奶器的部分配件是不可以高温消毒的。

如果吸奶是为了储存的目的，请务必消毒所有的吸奶器配件，否则乳汁易变质不易储存。

2~3个月

职场妈妈应该做的准备

有些妈妈在月子之后，因为各种原因需要回到工作岗位上。尤其是在当今社会，这类“职场妈妈”变得多了起来。不要因为上班就把所有的事情交给自己的爸爸妈妈或者保姆去做，自己也应该尽一切可能喂养宝宝。那么应该怎么做呢？

◎找到可应付紧急情况的亲人

回到工作中，不管从情绪还是体力上来说都是很疲惫的。新妈妈刚刚适应了妈妈的角色，突然同时又要投入另一个角色。与丈夫商量一下，让他帮您分担一些家务。另外，如果有什么困难可以请朋友或亲戚帮忙。也许是帮着做做饭、买买菜，或仅仅是请他们“随叫随到”应对一些紧急情况。

◎工作尽量简短

回到工作岗位上的第一个星期对于妈妈来说是一个重要的转折。最好能与上司商谈一下回来后工作的细节问题。上班的第一个星期最好只有2～3天，有利于新妈妈适应工作环境又不至于太累，因为新妈妈要适应的东西太多了。在投入真正的工作之前给自己留出2～3天时间熟悉工作，做好调整。

◎教会宝宝用奶瓶

给宝宝一个充足的适应过程。可以在每次哺乳之前或哺乳快结束的时候，让他吮吸一下奶嘴，体会一下与妈妈的乳头有什么不同。但是不能太早，要在宝宝出生一个月左右开始让他练习使用奶瓶。另外，现在市场上有专门的“学饮杯”，可以让宝宝很轻松地适应用瓶子喝奶，这样也是不错的选择。

宝宝不愿吸橡胶奶嘴怎么办

一般母乳喂养的宝宝，一过两个月，再叫他使用奶嘴，他就会讨厌这个橡胶奶嘴而不去吮吸它。所以，在宝宝出生后1个月时，在他还没有讨厌橡胶奶嘴前就开始为母乳不足做准备，每天训练宝宝吮吸2～3次带橡胶奶嘴的奶瓶。也可以在洗澡后把凉开水放在配方奶瓶里喂给宝宝。

带宝宝做健康检查

宝宝在3～4个月时，需要做健康检查。有的妈妈在体检之前不知道自己乳汁分泌不足，有的妈妈把配方奶调配得过稀，还有的未给宝宝加任何果汁，这时保健人员就会提醒妈妈：这样下去会造成宝宝营养不良。到体检中心后将测量宝宝体重作为起点，便可以知道宝宝是不是营养不良。

在3～4个月的时候有着不同吃奶个性的宝宝，体重会有明显的差距，但是体重没有达到标准并不代表宝宝不健康。

虽说在健康检查中偶尔也会发现因先天性髋关节脱臼和心脏病而体重偏轻的宝宝，但大多数情况并非如此，而且体检后不能使宝宝的喝奶方式及体重有明显的改变。因此体重的增加仍然同上个月一样不足。这时妈妈就会开始担心宝宝健康状况，从而使妈妈的心理压力过大。上述做法是错误的，应该鼓励妈妈学会喂养健康宝宝的方法。现代城市中的“健康检查”应重视的是营养过剩，而不是营养不良。

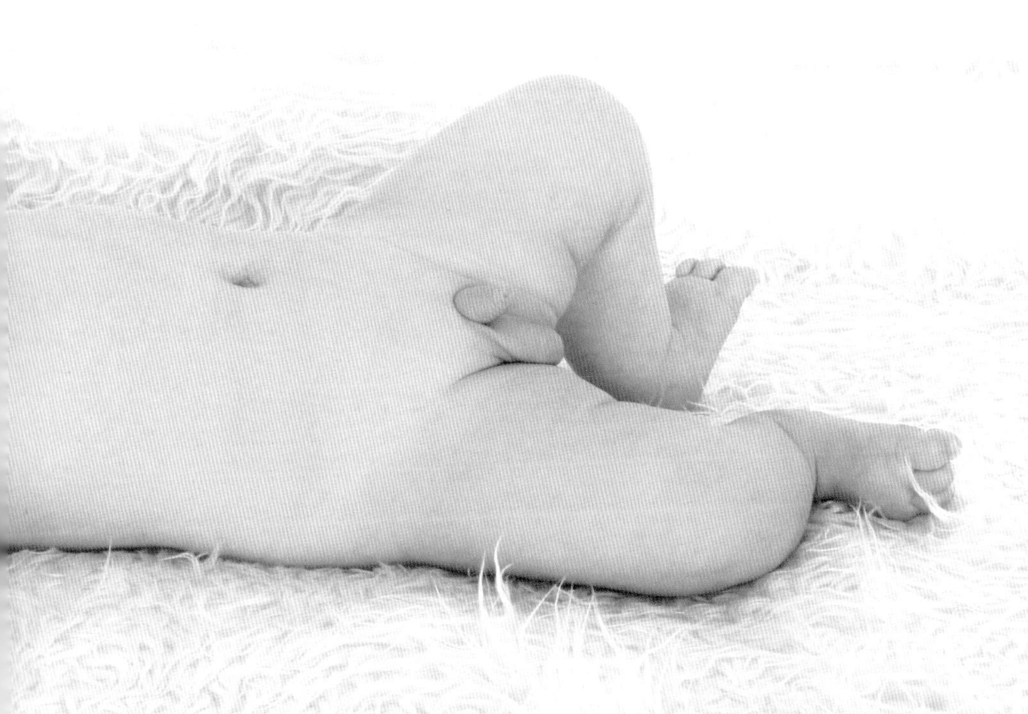

找到宝宝厌食配方奶的原因

在2～3月的阶段，一些宝宝会厌食配方奶，看到配方奶就不高兴。

配方奶的成分虽然在制作时尽可能地接近母乳，但不论技术怎样进步，配方奶与母乳还是有区别的。厌食配方奶的宝宝大概是因为两个月左右时，喝了较多的浓度较高的配方奶。厌食配方奶不是什么疾病，而是宝宝的身体功能不适应配方奶的一种反应。

另外，长期过量喂配方奶的宝宝，肝脏及肾脏非常疲惫，最后导致“罢工”，以厌食配方奶的方式体现出来。消化配方奶如此费力，所以宝宝对易消化的水就会很高兴地接受。也可以这样认为，厌食配方奶是宝宝为了预防肥胖症而采取的自卫行动。这是宝宝发出的警告：“妈妈，配方奶给多了”，这时妈妈应该做的是，让宝宝的肝脏和肾脏得到充分的休息，应多补充些水，直到宝宝能重新开始喝配方奶为止。这时候妈妈千万不能急躁。经过一段时间的细心照料，宝宝肯定会再度喜欢上配方奶的。即使每天只能喝100毫升或200毫升配方奶也不必担心，只要尽可能地满足宝宝对水的需要就不会有什么问题。

宝宝患有湿疹

宝宝湿疹就是我们俗称的“奶癣”。因为配方奶喂养的宝宝多患此病，这种疾病还与宝宝本身皮肤特点和过敏体质有关，与食物和外界环境也有一定的关系。而患湿疹宝宝的妈妈一定要做好长期作战的“准备”，因为有的宝宝得了湿疹后一直不好，还有可能越来越严重。

由于患了湿疹后又痒又痛，影响了宝宝的休息和睡眠，所以父母应该注意对宝宝的护理。妈妈首先要注意的是不能让宝宝用手抓患处，在饮食上多喂宝宝低敏奶粉。另外，要注意急性期水疱破后不能洗澡，每天局部用1%～4%硼酸溶液湿敷外洗15分钟，外涂15%氧化锌软膏。到红丘疹为主时，可以用温水洗澡，但不能使用浴液或肥皂。

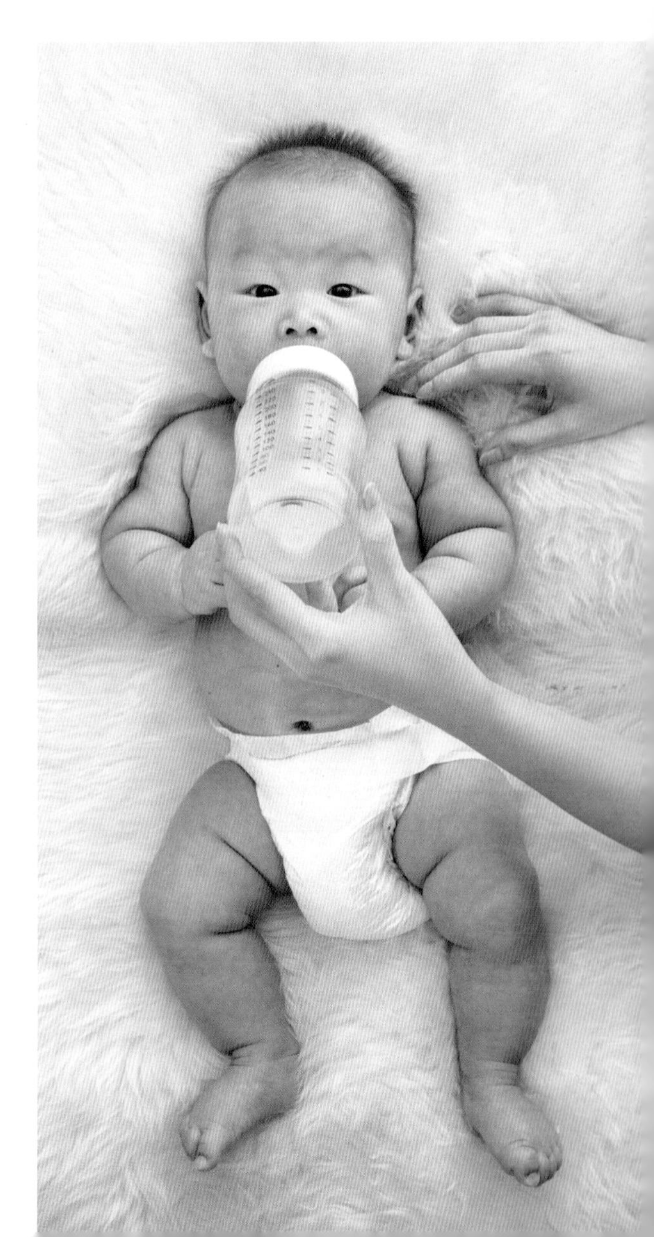

宝宝腹泻

腹泻，除了感染病原体外，也有可能因消化不良或者疲劳、心理因素而引起。腹泻一般多因肠道感染，夏季多为细菌感染，秋末冬初多为轮状病毒感染，腹泻大多是由于宝宝肠胃消化功能不足，加之喂养不当所引起的。

便后宜用温水清洗臀部及会阴部，扑爽身粉，以预防上行性泌尿道感染、尿布疹及臀部感染。

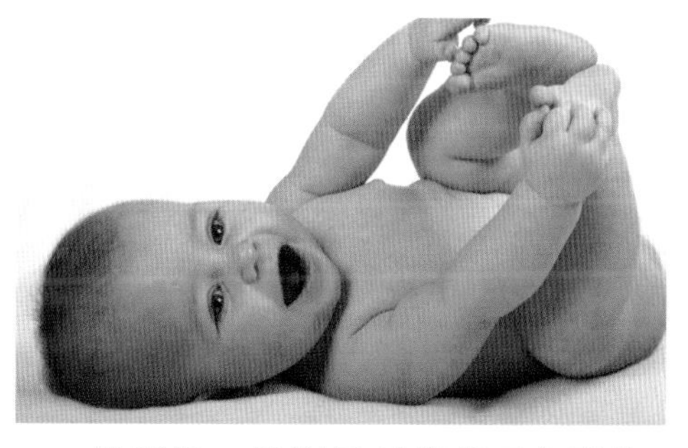

勤翻身，特别是对营养不良患儿、输液时间较长或昏迷患儿，应预防继发肺炎，避免褥疮发生。

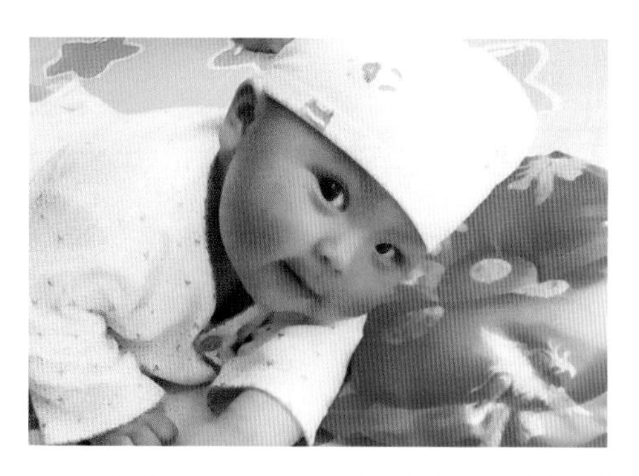

呕吐频繁患儿应侧卧，防止吸入呕吐物引起窒息，同时要常擦洗，避免颈部糜烂。

按时喂水或口服补液用的含盐溶液，以缩短静脉补液的时间及避免脱水。

哺乳期减肥要避免影响乳汁分泌

如果分娩后，妈妈想尽快减肥。同时，又会担心哺乳期减肥会不会导致乳汁不足？此时您需要充足的营养来保证顺利实现母乳喂养。如何才能两全呢？希望下面我们为您总结的原则，能够帮到您。

◎适量运动

如果您是一个人照顾宝宝，那您每天的运动量已经不少了，如果有人帮忙，那您在保证睡眠的基础上最好再花至少半小时去做运动，一般选择在晚上进行比较适合，比如在吃过晚饭后半小时快步走，持续的快步走远比短时间的速跑更消耗能量。而且晚饭后锻炼可以消耗体内多余的热量。

◎不吃甜食

糖是能量的主要来源之一。如果过多进食甜食，就可能诱发胰腺释放大量胰岛素，促使葡萄糖转化成脂肪。这一定是您在减肥过程中不希望遇到的。

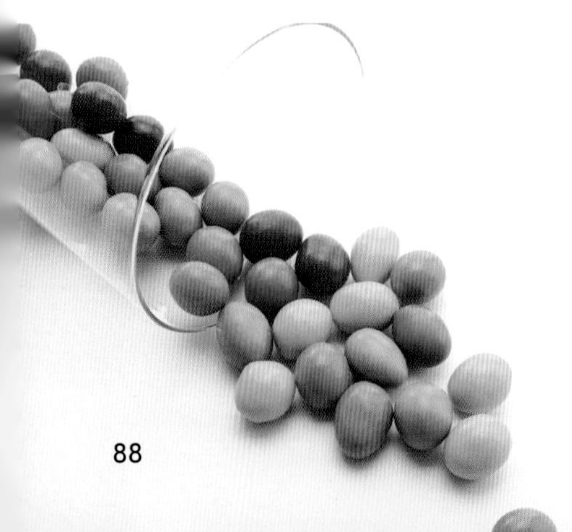

◎进食速度要慢

您可以在吃饭时增加咀嚼次数，细嚼慢咽，这样不仅有利于分泌更多的唾液和胃液对食物进行消化，而且有利于减少进食量。食物进入人体，血糖升高到一定水平，大脑食欲中枢就会发出停止进食的信号，而过快进食，在大脑发出停止进食信号前，可能您已经吃下过多的食物了。所以，进食速度慢，可以避免吃得过饱。

◎保证食物的多样性

不要连续两天吃同样的食物，有利于保证营养的均衡，使您有充足的乳汁满足宝宝的健康需要。

每天一日三餐中主食至少要保证300克以上，蔬菜至少保证在400克左右，每天一个新鲜的水果，并有奶类、蛋、豆类、肉类（鱼、鸡、畜肉），同时，适当吃些动物肝脏、动物血制品等，还有菌类、木耳和每周2～3次的粗粮，以及适量的坚果。当然每天足量的汤汁对您的乳汁分泌也是非常重要的。

总之，哺乳期注意健康饮食、合理运动及正确的饮食方法，可以帮您在顺利完成母乳喂养的同时早日恢复理想的身材。

4~5个月

学会正确判断母乳是否充足

要学会判断母乳是否满足宝宝的生长需要。如果宝宝每月体重增加在0.7千克左右，每天排尿6～8次或更多，并且是每次吃饱后表情陶醉并很快入睡，那么，给自己坚持母乳喂养的勇气吧！

除非宝宝1个月的体重增长未达到0.5千克，又未生病，或者才吃了母乳不久，就开始无缘无故地大哭，并有找乳头的动作，这时就应该注意可能是母乳分泌不足需要用配方奶补充了。

寻找适合自己宝宝的配方奶

母乳喂养好处很多，如果情况允许，最好为宝宝选择母乳喂养。不过如果因为新妈妈要重返职场，又不方便进行母乳储存，所以无法给宝宝足够的母乳。那么，用配方奶补充也是一种选择。

配方奶缺少母乳中独一无二的免疫成分，但它的营养组成非常接近母乳，能够满足宝宝生长和发育的营养需求。大多数配方奶都是以牛奶为基础制成的。您也可以在市场上找到以大豆为主要原料的配方奶，对牛奶过敏的宝宝可以尝试。如果您的宝宝有乳糖不耐受，医生则会推荐不含乳糖的配方奶。

有少数的宝宝属于过敏体质，无法吸收母乳和配方奶中的营养，这种情况下，医生会推荐深度水解蛋白配方奶。

所有配方奶中包含的主要营养物质都是碳水化合物、脂肪、蛋白质、维生素、矿物质和其他营养物质。

不同品牌配方奶之间的不同之处在于，它们包含的到底是哪种碳水化合物、哪种蛋白质等，因此，父母应该要仔细阅读配方奶包装上的说明。

5~6个月

做换乳的准备

这里所说的“换乳”并不是指立即停止母乳喂养或配方奶喂养，而是使宝宝逐渐习惯吃母乳或配方奶以外的食物的过程。4个月的宝宝只喝母乳或配方奶也能很好地成长，不必特别急着换乳。我们的目的是使宝宝适应吃乳品以外的食物。首先宝宝是否有要吃其他食物的欲望是最重要的，如果没有换乳就无法进行。

妈妈应该最清楚宝宝的情况，宝宝只吃母乳或配方奶是不是已满足了呢？还是很想吃其他的食物呢？换乳有各种各样的方法，但如果宝宝从一开始就没有想吃其他食物的欲望，就应及时停止，待过一段时间后看宝宝的状况如何，再决定是否重新开始实施换乳。

本阶段添加的辅食最好是有形的食物，先从练习用匙开始。在喂果汁和菜汤的基础上，可以再喂些其他稍微有形的食物。

宝宝参考食谱	
6：00	母乳或者配方奶
10：00	香蕉泥、蛋黄泥或者婴儿米粉1～2匙，加少量母乳或者配方奶
12：00	母乳或者配方奶
15：00	果汁80毫升
18：00	菜汤（马铃薯、胡萝卜、洋葱）、米汤60～70毫升、少量母乳或者配方奶
20：00	母乳
22：30	母乳

刚开始不能喂太多，待宝宝适应之后，再慢慢从两汤匙增加到3汤匙。品种也可以慢慢增加，比如南瓜羹等。对于没有时间制作辅食的妈妈，可以用市场上出售的、专门为宝宝制作的成品的蔬菜或米粉，在调米粉时，一定要根据包装上的说明制作。

给宝宝选择合适的餐具

从开始为宝宝添加辅食起，宝宝逐渐开始使用杯、碗、匙这些工具了，所以一定要挑选适合宝宝使用的用餐工具，这样宝宝才能吃得更好。

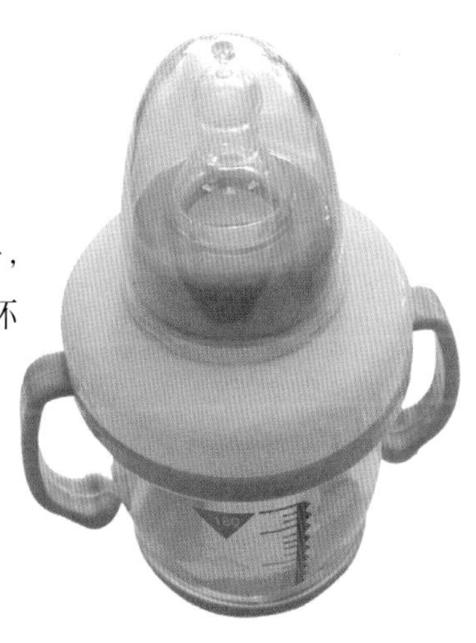

◎杯子

这个阶段宝宝用的杯子最好有两个较大的把手，便于宝宝抓握。开始学喝水时，可选盖子上有嘴的杯子，这样可以避免宝宝把水洒一身。当他学会双手抓握杯子之后，就能端稳半杯水并将杯子倾斜，用嘴直接在杯沿上喝水了。此后可学用一个把手的杯子和无把手的杯子。

◎碗

碗要选底平、帮浅、略大且漂亮，平稳不易洒的。漂亮可吸引宝宝的注意力。

◎匙

匙要选择两种，妈妈用的应柄长口浅；宝宝应用柄短，口略深，为方便进食可选择偏口匙。柄长便于妈妈喂食，而浅口避免太深入宝宝口中或过度压迫宝宝舌头。柄短便于宝宝自己进食，而偏口匙的匙口正对宝宝，减少了自己进食要将匙口从正面送入嘴里时手腕的运动。匙口略深也可使宝宝在自己吃饭时，让好不容易舀起的食物多保留一些在匙中，从而让宝宝较容易地建立起成就感。

添置其他必备物品 围嘴是宝宝换乳期不可少的物品。为了不打湿衣服，可选表面为塑料材质的，内面为纯棉制品的围嘴。为了减少食物洒落而弄脏底面，还可将塑料一面反折向上做成口袋状。

◎湿毛巾要多备几条

每当宝宝嘴边、脸上、双手被食物弄脏时，要及时给他擦干净。由于宝宝皮肤嫩，嘴边皮肤被食物弄脏时间一长就会发红。既容易感染，又会使宝宝感到疼痛。为避免出现以上情况，吃饭过程中要常给宝宝擦拭，吃饭后给宝宝用温水洗脸、洗手是十分必要的。

◎专用的宝宝餐椅

现在市场上很容易买到专用的宝宝餐椅。这种餐椅自带餐盘，有保险带，比较方便宝宝使用和妈妈喂食。有的是一体的，有的是可以拆分的。选择宝宝餐椅时，要注意挑选稳当、底座宽大的，而且椅子要不容易翻倒、边缘也要不尖利，如果是木制的，要没有毛刺，并且适合宝宝使用的，还要检查座位的深浅以及宝宝能有多大的挪动空间。虽然有了这些安全措施，但在宝宝进食时，妈妈也不要离开他身边。因为宝宝现在能靠着垫子坐了，但是时间还是不长，难免在您离开的时候会发生意外。

给宝宝添加辅食的原则

辅食添加每次只加一种，吃3～5天，观察一下宝宝的食欲和排便，如果适应就再加另一种，到6～9个月时再增加量。辅食增加的顺序是：蛋黄、米粉、菜汤、菜泥、果汁、果泥。不管您是自己给宝宝制作辅食，还是使用从超市买来的成品辅食，总的原则就是要循序渐进。

◎由少到多

宝宝添加辅食后真正的第一餐往往是蛋黄。蛋黄从最开始每天1/4个到每天可吃1个，应遵循由少到多的过程。瓶装胡萝卜泥，以每瓶65克为例，开始时每日只喂1/4瓶，大约1周后可以每日喂1/3～1/2瓶，这样每日的摄入量可达30克左右。有时宝宝食欲特别好，妈妈常常会无节制地喂下去，但若喂得过多，宝宝娇嫩的胃肠道不能一次接受大量的辅食，往往会造成宝宝腹泻。只有等宝宝恢复后再从头开始喂。

◎由稀到稠

以谷类辅食为例，从米汤到稀粥，从稀粥到稠粥，从稠粥到软饭，就是由稀到稠的演变。稀粥制作时米和水的比例为1：10；制作稠粥时米和水的比例为1：7或1：5；制作软饭时水和米的比例则为1：1.3。感观上区别稀与稠的方法是用汤匙将辅食舀起后，轻轻地将汤匙倾斜，较稀的泥糊状食物可以像液体一样连续滴淌下去，而较稠的辅食则是黏在一起成团滚落下去。

◎由细到粗

所谓细，是指开始添加的辅食达到肉眼看不出颗粒的程度。捏一点食物，再用手指捻一下，基本上感觉不到有颗粒即可。您可以用调好的米粉，用钵擂过的米粥、瓶装胡萝卜泥来感受一下食物质地的细腻。而粗则是指食物颗粒逐渐增大的一系列变化，比如从米汤、稀粥、稠粥到软饭；从面糊、烂面条、碎面条、馄饨到包子、饺子；从菜汤、菜泥、菜末到碎菜等。

不要过早地在宝宝的辅食里面加盐

食盐也叫氯化钠，由钠离子和氯离子组成。因为宝宝肾脏功能较弱，所以很难稀释这些化学元素，直到宝宝6个月后，肾脏的功能才逐渐接近成人水平。在4～6个月宝宝吃的辅食中加盐，无疑会加重宝宝肾脏的负担。

所以，1岁以内的宝宝不应该在辅食里放盐。宝宝在头6个月每天需要的盐不到1克，通常从母乳或配方奶里就能获得了。除了要知道这些，在日常生活中还该注意：

1.限制宝宝吃咸的食品。

2.给宝宝做辅食时不加盐。

3.限制加工食品，如半成品、点心、饼干、汤、肉汤、寿司、比萨、罐装蔬菜、奶酪、香肠、薯片等含盐高的食物。

4.盐通常是以钠的形式显示在食品包装的营养成分表中，1克钠相当于2.55克盐。要仔细看食品包装上的营养成分表，最好选择那些每100克中钠含量不超过0.1克的食品。

5.要有意识地培养宝宝从小喜欢吃较淡的食物的习惯，避免养成“口重”的不良生活方式，这对宝宝的健康会有长远的影响。

经验★之谈 现在是给宝宝添加辅食的时候了，可以根据季节，适量添加四季蔬菜和水果，如胡萝卜、黄瓜、番茄、茄子、柿子椒、菠菜等，还有适量的四季水果，如苹果、柑橘、梨、桃、葡萄等。妈妈可以在辅食中添加湿淀粉，以提高黏度，把食物做得松软易烂，这样宝宝更容易咀嚼。也可以将蔬菜或者水果剁碎、剁烂，加在米粥中喂给宝宝。

要选择正确的换乳途径

没有必要将宝宝的换乳看得过于严重或拘泥于形式。每年都会有许多的宝宝经过换乳步入周岁，而这些宝宝的换乳方法各不相同。

让宝宝在1岁左右时同家人一起围坐在饭桌旁用餐，使宝宝共享家庭团圆之乐，这才是换乳的目的。这要用半年的时间，使宝宝从吃母乳或配方奶渐渐习惯吃米饭或面食。但是，不能过于急着让宝宝学会吃米饭或面食，中间有一段时间应先喂一些易于消化的食物，这个时期就叫“换乳期”。总而言之，要不断尝试着给宝宝喂辅食。

下面为您列举几个同类型宝宝的换乳食谱作为参考。

◎男宝宝丁丁

粪便干硬，隔1天才排便1次，妈妈是家庭主妇。

宝宝参考食谱	
6：00	母乳
10：00	果汁少许、酸乳酪90毫升、母乳
13：00	香蕉半根
15：00	果汁、白开水
17：00	米粥（加蛋黄）60毫升、番茄汤、鱼白肉少许、母乳
20：00	母乳、洗浴后喂果汁
22：00	喝完母乳后入睡

除了上述这些外，妈妈还要每天变换食谱，如红薯泥、马铃薯泥及南瓜泥、胡萝卜松鱼汤，还有肝泥、蒸鸡蛋羹、豆腐汤等。由此可以大概了解宝宝都能吃些什么样的食物。

◎女宝宝小颖

她的妈妈曾经在幼儿园工作。

宝宝参考食谱	
6:00～21:00	配方奶5次（每次180毫升），果汁3～4次（每次100毫升）
闲暇时间时	做1次“鸡蛋配方奶”（将鸡蛋搅拌在配方奶里煮5分钟，放少量糖），逐渐加量

◎男宝宝轩轩

胃口好，食量大的宝宝。

宝宝参考食谱	
8：00	配方奶200毫升
12：00	宝宝食用水果罐头1/2盒、宝宝用蔬菜汤50毫升、配方奶150毫升
16：00	米粥（加入蛋黄）1/2宝宝碗、果汁50毫升、配方奶150毫升
20：00	配方奶200毫升

这位妈妈使用的是成品的宝宝辅食。到5个月末时发现体重已达到8千克，所以进入6个月后进行了调整。轩轩的户外活动时间几乎是邻居宝宝的两倍。

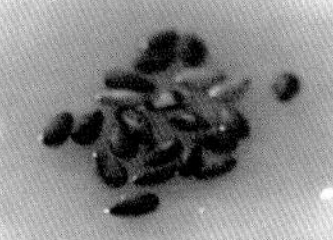

6个月的宝宝吃哪些食物不安全

随着宝宝的成长，对食物的欲望会越来越大。但是不是所有的食物对宝宝来说都是安全的。宝宝的消化系统尚未发育完全，因此对于食物是非常挑剔的，有好多食物，暂时都不能出现在他的小餐桌上。

◎主食类

精细的谷类食物中B族维生素遭到破坏，还会因损失过多的铬元素而影响视力发育，成为导致宝宝近视眼的一大因素。

◎蔬菜类

菠菜、韭菜、苋菜等含大量草酸的蔬菜，还有竹笋和牛蒡等较难消化的蔬菜，还是不宜过早出现在辅食中的。

◎水果类

杧果、菠萝、有毛的水果（水蜜桃、奇异果），容易引起宝宝过敏。特别是婴儿，食物过敏往往是过敏性哮喘的主要诱因之一。

◎零食类

在为宝宝添加辅食的初级阶段，不应该给宝宝吃零食，特别是含有添加剂及色素的零食，这些食品营养少、糖分高，而且容易破坏宝宝的味觉，引起龋齿等。

◎海鲜类

螃蟹、虾等带壳类海鲜会引发宝宝过敏，也建议不宜在宝宝1岁以前喂食。

◎豆类

含有能致甲状腺肿大的因子，宝宝处于生长发育时期更易受损害。此外，豆类较难煮熟透，容易引起过敏和中毒反应。

◎饮料类

矿泉水、纯净水、功能饮料、刺激性的饮料。

◎调味类

沙茶酱、番茄酱、辣椒酱、芥末酱、味精，或者过多的糖等口味较重的调味料，容易加重宝宝的肾脏负担，干扰身体对其他营养的吸收。

◎荤食类

蛋清、汞含量较高的鱼，在辅食添加的初期阶段，最好不要出现在宝宝的辅食中。

6~7个月

观察宝宝是否有食物过敏的现象

有些宝宝会在辅食添加的过程中出现过敏的现象。如果宝宝在吃过辅食后两分钟至两小时内身体出现过敏反应，如出现更加严重的呕吐、面部肿胀、呼吸困难等症状，就要停止添加这种食物，并且及时就医。但宝宝对食物的过敏反应并非永久性，有的宝宝长大后，这些过敏反应就会消失。为避免过敏反应，特别是如果家长有过敏史的，添加辅食时应从单一食物开始添加，这样就可以知道是哪种食物会引起宝宝过敏，以便采取相应的措施。

如果宝宝对某种食物过敏，身体就会把这种食物当做入侵者，同时产生一种叫做免疫球蛋白的抗体。当宝宝再次吃到这种食物时，抗体就会通知身体的免疫系统释放一种叫做组织胺的物质来抵抗“外来入侵者”。即使宝宝以前吃过某种食物且没有出现问题，他还是有可能在以后吃的时候对这种食物产生过敏反应。宝宝最初接触某些食物成分时，您可能很难注意到，例如饼干里的蛋、奶或干果粉末都很不明显。所以，如果家中有遗传性对鸡蛋过敏的病史，宝宝前几次吃鸡蛋时可能没有反应，但以后可能会出现过敏症状。

婴儿米粉应该吃多长时间

宝宝在出生后前3个月，唾液腺非常少，这个时候喂宝宝米粉，很不容易消化。一般来说，在宝宝4个月时，可以开始为宝宝添加米粉，由少到多，逐量添加。可以吃多长时间，并没有具体规定，待宝宝出牙后，可以吃粥和面条时，就可以不吃米粉了。

这个时期可以停止喂母乳吗

暂不可以，出生后的8～12个月时，可以给宝宝断母乳。不要过早，即8个月前；也不要过晚，即1岁以后。因为过早断母乳，宝宝的消化功能还不强，添加过多的辅食，会引起消化不良、腹泻等；而过晚断母乳，则会因为母乳营养物质减少，而不能满足宝宝的生长需要，对宝宝的健康不利，而且对妈妈的身心、工作、生活也有很大的影响。

母乳不足宝宝还不喝奶粉怎么办

如果还有母乳就转移到奶瓶里，用奶瓶喂宝宝，让宝宝适应奶瓶，但切忌强行将奶嘴塞入宝宝口中，否则只会起反作用。再用母乳加冲好的温奶粉给宝宝吃，他就会喝奶粉了，如果是按时按量喂养的，宝宝应该会喝。

妈妈可以连续试几次，让他不抗拒配方奶的味道，多喂几次后，不加母乳就可以了。不过记得母乳加配方奶一定要现配现吃，吃不完就倒掉，不要存放超过4个小时。

如何得知宝宝是否良好消化了辅食

宝宝吃了新添加的辅食后，粪便会出现一些改变，如颜色变深、呈暗褐色，或可见到未消化的残菜等，但这并不代表就是消化不良。因此，无须立即停止添加辅食。只要粪便不稀，里面也没有黏液，就没有问题。若在添加辅食后出现腹泻或是粪便里有较多的黏液，就要立即暂停添加辅食，待胃肠功能恢复正常后再从少量开始重新添加辅食。并且要避开生病或天气太热的时候。

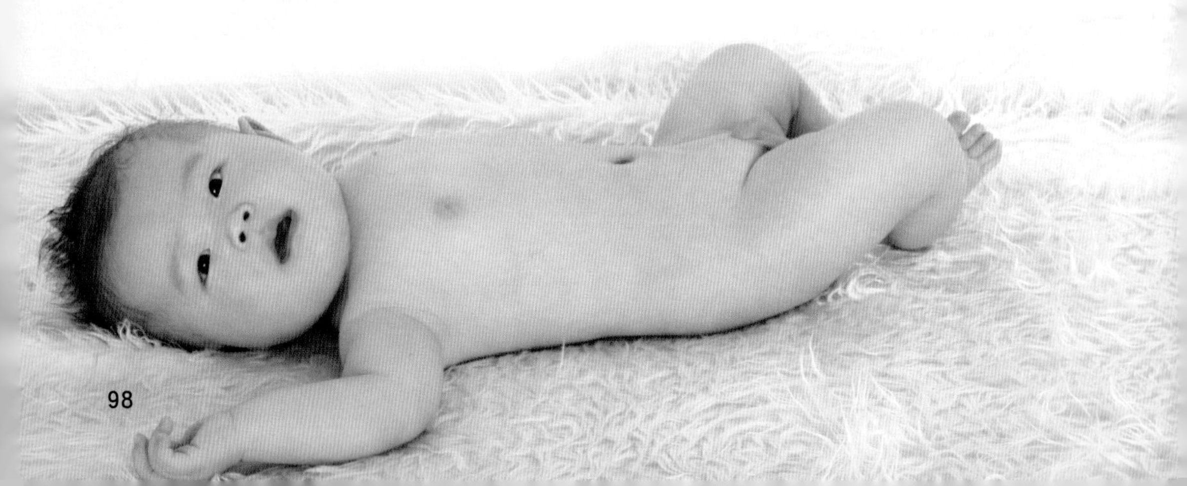

宝宝的饮食

7~8个月

7~8个月宝宝的饮食特点

本阶段，宝宝对饮食越来越多地显示出个人的喜好，喂养上也随之有了一定的要求。宝宝可继续吃母乳，但是因为母乳中所含的营养成分，尤其是铁、维生素、钙等已不能满足宝宝生长和发育的需要，乳类食品提供的热量也不能满足宝宝日益增加的运动量，本阶段的宝宝仍然处于换乳的中期，因此，无论是母乳喂养还是人工喂养的宝宝，奶量只保留在每天500毫升左右即可。添加的辅食品种要丰富多样，做到荤素搭配，但要注意一定不要让宝宝养成偏食的习惯。

这个时期宝宝的牙齿开始萌出，咀嚼食物的能力逐渐增强，消化功能也逐渐增强，因此可以在粥内加入少许碎菜叶、肉末等。

但要注意，在给宝宝添加碎菜叶、肉末时，要从少量逐步递增。在牙齿萌出期，还要继续给宝宝吃小饼干、烤馒头片等，让他练习咀嚼。

可以给宝宝吃这些食物

吃母乳的宝宝应该继续喂母乳，喝配方奶的宝宝也要继续喝配方奶，但同样都要每天添加两次以上辅食。这个时期的宝宝容易习惯各种不同的口味，至少要从下列4类食品中选一种，来使宝宝营养平衡：

◎淀粉：面包粥、米粥、面、薯类、麦片粥等。

◎蛋白质：鸡蛋黄、鸡肉、鱼肉、豆腐、豆类等。

◎蔬果：各类蔬菜水果皆可。

◎油脂类：黄油、植物油等。

◎还可以加些海藻类食物，点心可以加饼干、面包等。

该月龄宝宝食谱的安排可参照如下标准制定：

宝宝参考食谱	
早晨6点半	母乳或配方奶180毫升
上午9点	蒸鸡蛋1个
中午12点	粥或面条小半碗，菜、肉或鱼占粥量的1/3
下午4点	果汁、菜汤等辅食
晚上7点	少量辅食，配方奶150毫升
晚上11点	母乳或配方奶180毫升

注意出牙时期宝宝的营养

5～6个月时，宝宝的小乳牙开始蠢蠢欲动，到了7个多月时，宝宝大多都已出牙了，唾液腺也进一步成熟，口水增多。

这时可以给宝宝软面包或脆饼干训练咀嚼能力，同时这时也是学习吃稀饭的最好时机。米糊、蛋黄泥、鱼泥、肝泥、蔬菜汁、水果汁都可以让宝宝尝试。如果错过了这个时期，妈妈今后就只好和“偏食宝宝”斗智斗勇了。

◎维生素C

它的缺乏可造成牙齿发育不健康，牙龈容易水肿、出血。它可以促进铁的吸收，当食物或配方奶中铁和维生素C的分子比为1：2时，才能确保人体对铁的良好吸收，新鲜的水果蔬菜中含有丰富的维生素C。

◎钙、磷、镁、氟

可以使宝宝牙齿正常发育。适量的氟可以增加乳牙的抗腐蚀能力，不易发生龋齿。如母乳、配方奶、豆腐、胡萝卜都是补充矿物质很好的食物来源。

◎维生素A

可以维持全身上皮细胞的完整，而且它还可以增强宝宝的抵抗力。缺乏维生素A会使宝宝出牙延迟，并影响牙釉质细胞发育，使牙齿变成白垩色。如胡萝卜泥、肝泥、蛋黄泥中含有丰富的维生素A。

◎铁

宝宝从第五个月开始要预防缺铁性贫血，现在更需要补铁，如蛋黄、动物肝脏、动物血都是很好的补铁食物。

◎维生素D

它可以促进骨骼和牙齿生长，调节胃肠道对钙、磷的吸收，促使钙、磷在牙胚上沉积钙化，如果缺乏就会导致宝宝出牙晚，牙齿小且间隙大。奶、鱼类和蛋黄、乳酪、沙丁鱼、鳕鱼、肝泥等食物中含有丰富的维生素D。晒太阳也可使体内的一种胆固醇转变为维生素D。

检查宝宝是否需要补钙

爸爸妈妈很关心“钙”的问题。睡不好、枕秃、出牙晚、个子不高、走路晚等几乎都归在了钙元素身上。它怎么会有这么大的威力呢？我们今天就专门来说说“钙”的问题。

◎钙是人体的骨骼和牙齿的重要组成部分，能够占到1.5%～2%，如果缺钙就会造成骨质疏松。

◎钙能够缓解神经兴奋性。

◎钙能够参与人体凝血的过程，有些人出血以后不容易止血，这便和钙的缺乏有关系。

◎钙能保持很多酶的活性。

◎钙能够维持身体细胞膜内的通透性。

钙对人体十分重要，那宝宝到底需要补多少钙才够呢？6个月内的宝宝每天需要300毫克钙；6个月以后，每天需要钙400毫克；满一岁以后，每天需要600毫克钙；4岁以上每天需要800毫克钙；到了青春期时，每天需要1000毫克钙。根据这个量，再看看宝宝平时的食量，就可以判断宝宝是否缺钙了。

如果宝宝是母乳喂养，妈妈身体很好，宝宝吃奶也不错，基本上宝宝不会缺钙。如果宝宝饮食营养很不错，每天喝配方奶500毫升左右，基本上不会缺乏钙。如果膳食中钙不是很充足，就需要额外服用钙剂了。

这里还需要提醒妈妈，不要由于担心宝宝营养摄入不全面，就购买很多“营养素”给宝宝。不要把买的补钙品当做宝贝，食物中的钙比补品中的钙含量要多，如每一百克芝麻酱的钙含量就高达870毫克。除非经诊断需要特别补充营养素外，从食物中摄取的微量元素是最有效、最安全的方式。除了母乳与配方奶中的微量元素，辅食种类的多样化也是重要保证。

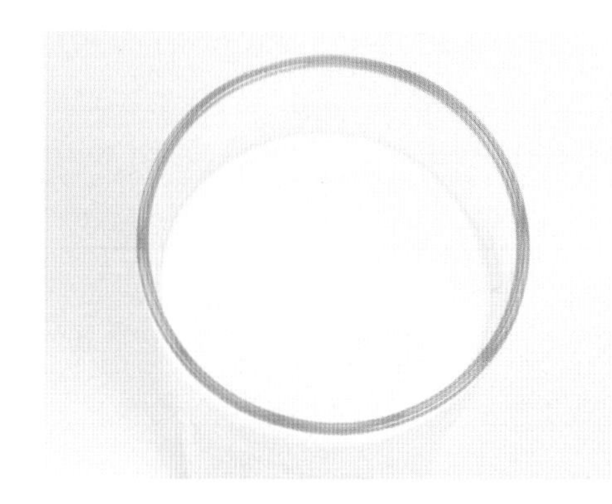

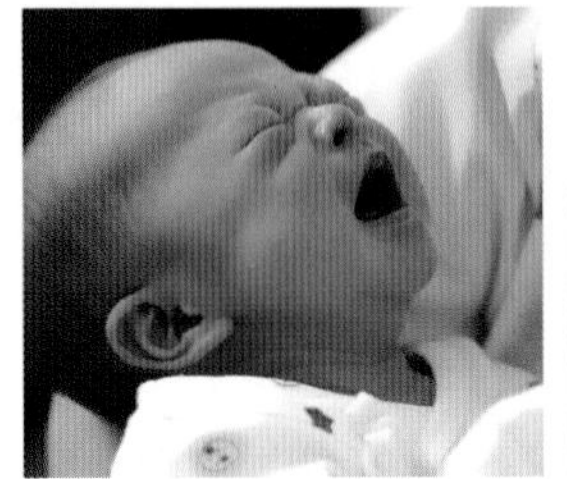
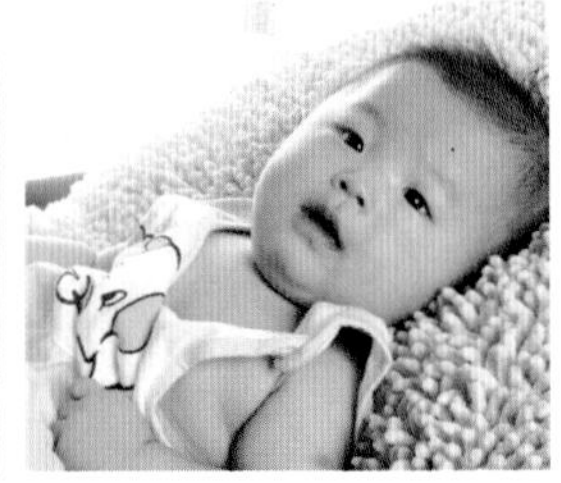

多晒太阳补充维生素D

虽然天天给宝宝补钙，但钙不一定能很好地被人体吸收和利用。一定要在补钙的同时补充维生素D，并且多晒太阳。维生素D不够，晒太阳时间短，虽然补了钙，但却没有被很好地利用，才会出现缺钙的现象。妈妈也不要一味寄希望于补钙品，户外运动、晒太阳、营养均衡才重要。晒太阳可以提供人体所需维生素D的95%以上。

而且每天在1～2个小时以上最好，并且最好是全身晒。

维生素D能促进钙、磷吸收，如果维生素D缺乏，宝宝会因骨钙缺少而发生佝偻病或因血钙低，造成宝宝手足搐搦症。维生素D为脂溶性维生素，可在体内储存。人每日需要量很少，如每日摄入量过多，维生素D过量，对身体也是有害的，严重的会出现中毒，甚至危及生命，所以一定要按正确的方法来补充维生素D。

那么什么食物含维生素D多呢？宝宝靠食物是否可得到所需的维生素D呢？

有一些深海鱼的肝脏维生素D含量非常多，用其制成的鱼肝油含大量维生素D。其他食物如奶、蛋、动物肝脏等则含量较少，除服用鱼肝油或晒太阳外，宝宝靠饮食所得到的维生素D常不能满足每日所需的量。

如果妈妈是母乳喂养，在日晒少的季节需要给宝宝适当补充维生素D剂。如果是配方奶喂养，可根据配方奶中维生素D的含量调节每日所需要喂的量。

逐渐让宝宝适应夜里不吃奶

现在的宝宝有的已经能一觉睡到天亮了，让妈妈很省心。但有些宝宝仍然会在夜里醒来，并哭闹着要吃奶。很多妈妈会因此而苦恼，怎么才能让宝宝“戒掉”夜里这一顿奶呢?

其实，关于夜里哺乳一事倒是用不着那么烦恼，特别是在辅食如此丰富的今天，宝宝在营养方面是不会有问题的，应该考虑的是为什么宝宝夜里会醒来呢? 可能是以下几种原因:

◎婴儿床过小

如果宝宝睡的是婴儿床，因夜里翻身时手脚或头顶碰到了床周围的围栏而醒，那是婴儿床过小的缘故。这种情况就要把宝宝抱下小床与妈妈一起睡。

◎运动不足

还可能由于运动不足，而导致宝宝夜里睡眠不深。这种情况就要尽量多在白天带宝宝到户外活动。

◎夜里饥饿

如果是食欲旺盛的宝宝，则多是因为夜里肚子饿而醒，如果睡前喂的是母乳，要考虑是不是母乳不足。

这种情况就要试着喂宝宝配方奶，换成配方奶后如果宝宝夜间不再醒了，那么就可以继续喂下去。

宝宝不肯用小匙怎么办

这时候，妈妈可以通过宝宝舌头的前后蠕动将食物送到嘴里，而不要让匙进入口中。把匙放到下唇上，让宝宝嘴唇嚅动起来，从而将食物送到嘴里。

宝宝的饮食

8~9个月

本阶段宝宝饮食

9个月的宝宝正式进入换乳期，规律的进食将会慢慢替代乳品的地位。经过几个月的辅食添加，宝宝可接受的食物越来越多。加上他的牙齿已经萌出，有咀嚼能力了，对食物也表现出明显的喜好。可以通过宝宝喜欢的进食方式，给他可以用牙床捻碎的、柔软的固体食物，或给一些碎菜叶、碎肉、烂面、饼干及面包等，这样不仅可以锻炼宝宝的咀嚼能力，也可以训练宝宝的吞咽动作和他的手指抓握感。

辅食的选择范围很多，在制作辅食时，可以加入少许调味料，以促进宝宝的味觉发育。

宝宝开始在餐桌上占有一席之地，但一切还是要遵循循序渐进的原则，不可心急，因为这仅是让他领会正常进食规律的一个重要过渡。不必喂给宝宝果汁了，可直接喂番茄、橘子、香蕉等水果。可喂些酥脆的点心（最好为妈妈自制的，这种无任何食品添加剂的点心更适合宝宝），不要喂糖块。

一般来说，这时多数宝宝的饮食是每天两次粥，粥后给配方奶100毫升，早晨刚起床和晚上睡前分别给200毫升配方奶。对不喜欢喝配方奶的宝宝，可以以粥作为主食，但是必须要多加一些鸡蛋、鱼、肉类等食品，否则会导致蛋白质摄入不足。母乳喂养的宝宝最好也借粥后喂宝宝配方奶的这个契机，用配方奶代替母乳，只在早晨刚醒时和晚上临睡前、深夜醒来时喂母乳。

宝宝参考食谱	
7：00	配方奶200毫升、饼干适量
11：00	粥100克、蔬菜末30克、鸡蛋1/3个、汤类
15：00	配方奶200毫升、水果适量
18：00	粥80克、鱼或肉末30克、豆腐40克、汤适量
21：00	配方奶200毫升

如果宝宝从一开始就不喜欢吃粥，但是接受米饭。对这样的宝宝，妈妈不用再另外做辅食了，在时间上就宽松些，可以带宝宝多去室外玩。辅食可以按以下方案进行。

宝宝参考食谱	
6：00	配方奶200毫升
8：00	米饭30克、汤适量
12：00	面条50克、主食面包1片、配方奶100毫升
15：00	饼干、水果适量
18：00	米饭50克、晚餐副食适量、配方奶100毫升
22：00	配方奶200毫升

8～9个月的宝宝，平均每天体重只增加不到5克的话就太少了，但如果超过10克则太多。如果您的宝宝过胖，妈妈则应该开始考虑在饮食上减量了，食谱可以按以下方案进行：

宝宝参考食谱	
8：00	配方奶200毫升、主食面包半片
11：00	果汁或水果适量、饼干1块
13：00	蔬菜粥（适当加些肉类或动物肝脏）宝宝用的小碗1碗、水果适量
16：00	果汁或水适量、饼干两块
18：00	适量蔬菜粥（加点鱼）、鸡蛋、汤、成人的晚餐副食
22：00	配方奶180毫升

观察宝宝排便情况

天气暖和的季节，大部分宝宝每天排尿10次左右，颜色也随着辅食的增加而变黄。随着粥、面包等食物用量的增多，宝宝的粪便也逐渐带有“粪臭”味儿，颜色也比只喝奶时变深了。切碎的蔬菜，虽然觉得煮得很烂了，可还能从宝宝的粪便中看到没有消化的部分，不用害怕，这是正常的。只要不腹泻，就可以继续给宝宝吃这些食物。

排便的次数因宝宝的个体差异而有所不同，有一天1次的，有两天1次的。对经常便秘的宝宝要给一些菠菜、卷心菜、洋葱、大萝卜等含膳食纤维多的蔬菜。

正确看待宝宝腹泻

这个时候宝宝的腹泻与以前不同，不是细菌引起的腹泻。除非家中有成人患腹泻。一般宝宝的腹泻可以不用考虑是由细菌引起的。由细菌引起腹泻时，宝宝会情绪不好，有时还伴有发热。

因饮食过量而引起的腹泻，父母不用过于担心。因为腹泻，就让宝宝禁食，这种做法是错误的。

经验★之谈

蔬菜粥中的蔬菜可用洋葱、胡萝卜、南瓜等，切碎后每次可以煮两天用的量，放入冰箱内，吃的时候取出需要的部分加热，再加些调味品即可。还可以再把煮好的肝或鸡肉等切碎加进去，有时也加婴儿乳酪。

关注宝宝的免疫力

宝宝在5个月之前几乎不会生病，过了半岁开始会去医院了，妈妈也常为此费尽心思。这都是免疫力低下的原因，那是什么让宝宝的免疫力低下呢？一般有以下3种情况：

◎先天性免疫低下

这种宝宝每次得病较重，持续时间也较长。一般患病为败血症、恶性肿瘤等，有家族遗传史。先天性的一般治疗较困难，治疗时间也较长。

◎后天继发性免疫低下

宝宝由于感染、药物、营养不良等，导致免疫力低下。只要对症治疗，宝宝的免疫功能大多会逐步恢复。

◎生理性免疫低下

主要是上呼吸道，如感冒等。经常是由于天气变化、生活环境改变等日常情况引起的。与成人相比，宝宝更容易感冒，这就是因为宝宝存在生理性免疫低下。这是每个人在成长过程中都必须经历的，属于正常现象。

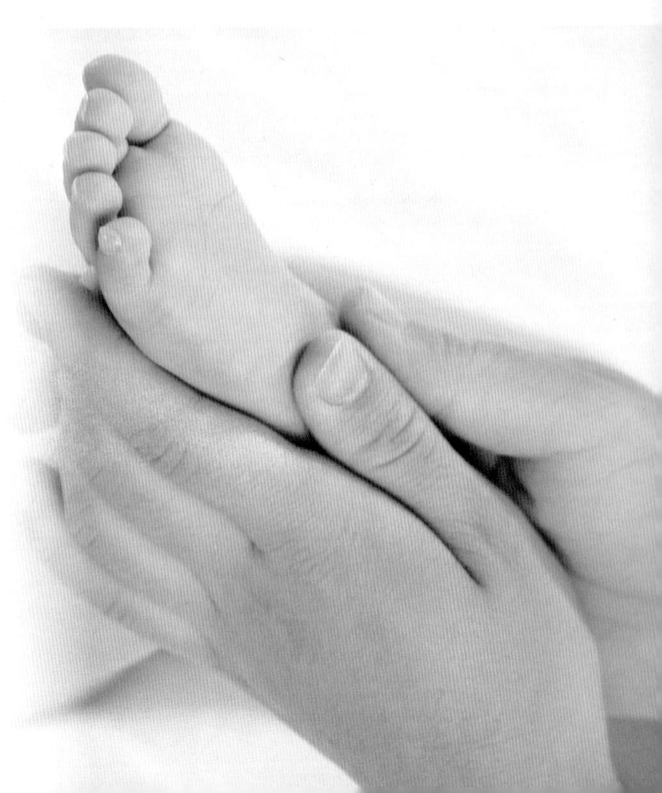

从各方面提高宝宝的免疫力

现代免疫学认为，免疫力是人体识别和排除“异己”的生理反应。人体内执行这一功能的是免疫系统。宝宝出生后，爸爸妈妈最担心就是生病问题。而生活中的一些简单方法即可提升宝宝的免疫力，减少生病的次数。

◎母乳喂养——人生的第一次免疫

母乳中含有大量的免疫物质，能增加宝宝机体免疫力及抗病能力，可防止宝宝受病毒的侵入而生病。可以说母乳是人生的第一次免疫，因此不要错过给宝宝母乳喂养的机会。

◎不要吃得过饱——避免脾胃负担过重

婴幼儿脏腑娇嫩，消化吸收功能尚未发育完全。虽然正处于生长和发育阶段，对营养物质需要迫切，但如果吃得过饱，会使胃肠负担加重，使消化功能紊乱，容易发生积食、腹痛，导致胃肠炎、消化不良等疾病。

◎均衡饮食——提升防御功能

营养不均衡会造成免疫力下降。肉、蛋、新鲜蔬菜水果等尽可能多样化，少吃各种油炸、熏烤、过甜的食品。

◎免疫预防接种——积极主动应对

为宝宝进行预防接种是人类为抵御传染性疾病而采取的积极措施，如接种卡介苗预防结核，口服脊髓灰质炎疫苗预防脊髓灰质炎（小儿麻痹症），接种乙肝疫苗预防乙肝疾病等。爸爸妈妈一定要按时为宝宝接种疫苗。

◎规律的生活习惯——保持充足的睡眠时间

爸爸妈妈要有足够的耐心帮助宝宝找到自己的生活规律。成长中的宝宝每天需要充足的睡眠，如果宝宝晚上睡得不够，可以让他白天小睡一下。周末多带宝宝到空气清新的户外玩一玩，会对身体大有益处。

◎抚触——改善宝宝的血液循环

在自然分娩的过程中，经产道收缩，挤压胎儿，是一种有益的身体接触，有利于宝宝神经系统的发育。

出生后与妈妈的身体接触，会让宝宝产生安全感，可以促进宝宝的身体发育。

抚触可以改善宝宝的血液循环，提高免疫力，并能增进人体对食物的消化与吸收，减少哭闹，改善睡眠。

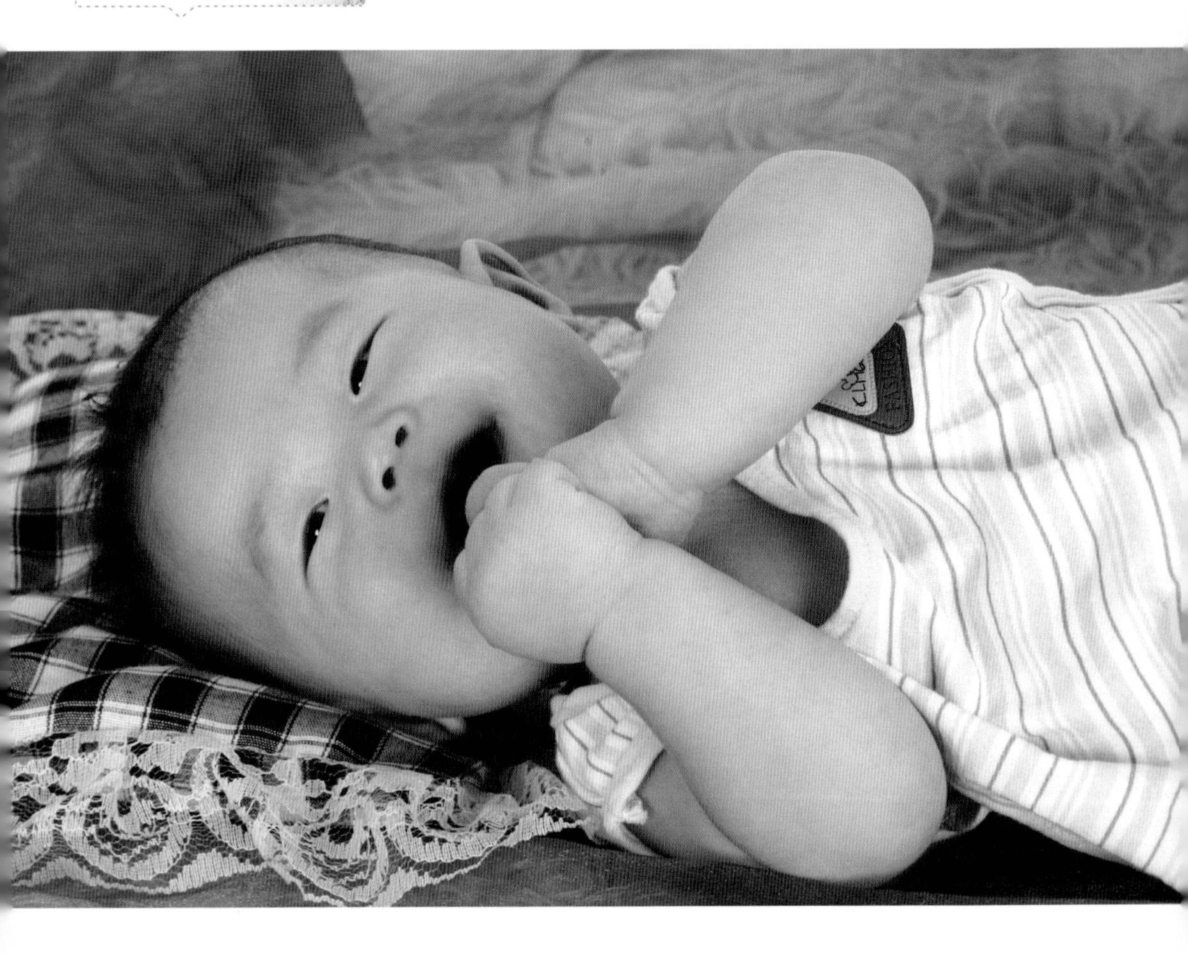

◎多喝白开水——保持黏膜湿润

多喝水可以保持黏膜湿润，成为抵挡细菌的重要防线。外出时要带着水瓶，宝宝渴了就要随时喝。注意：要喝白开水，而不是各种含糖饮料。

◎良好的卫生习惯——防止病从口入

要培养宝宝基本的卫生习惯，尤其在吃饭前和上厕所后把手洗干净，可以防止病从口入。

◎及时补充锌元素——提高身体免疫力

锌是人体内很多重要酶的构成成分，对生命活动有催化作用，促进宝宝生长和发育与机体组织再生，并帮助宝宝提高自身免疫力，同时参与维生素A的代谢。

提高宝宝免疫力的饮食方法

宝宝免疫力低下，就会经常生病，想要宝宝不生病，除了加强运动外，妈妈还要给宝宝多吃提升免疫力的食物调理体质。只有健全的免疫系统，才能帮助宝宝抵抗致病的细菌和病毒，远离疾病。

◎水

人体最重要的成分便是水，水分充沛，新陈代谢旺盛，免疫力自然提高。

◎黄、绿色蔬菜

蔬果的纤维质可预防便秘，使肠道保持通畅。水果中的果糖能够帮助肠道益菌生长，就像在小肠和大肠内铺一层“免疫地毯”一般。

◎菇类

它能预防及改善许多心血管系统疾病，例如高血压、动脉硬化。菇类还能增强免疫力，预防及对抗癌症，还含有丰富的B族维生素，能缓解压力。

换乳期的宝宝为何容易免疫力低下

换乳实际上就是改变宝宝的饮食习惯。有些宝宝会在一段时间里因为不适应而挨饿，从而降低了自身的免疫力。母乳中有大量的抗体能够增强宝宝的免疫力，换乳后，宝宝得不到大量的抗体，导致机体免疫力进一步下降，可能还会使细菌或病毒乘虚而入。

宝宝营养不良的信号是什么

如果宝宝情绪不佳，反应迟钝，就可能是宝宝的体内缺乏蛋白质或铁。如果宝宝失眠健忘、惊恐不安，可能是B族维生素不足。如果宝宝爱发脾气，情绪多变，可能是甜食吃得太多了，医学上叫“嗜甜性精神烦躁症”。宝宝固执胆小，可能与维生素A、B族维生素、维生素C及钙质摄取不足有关。

9～10个月

本阶段宝宝的喂养

现在宝宝可以从粥、软饭、挂面等各种饮食，逐渐转变以饭为主，每日三餐。至于每天给两次粥还是给3次，要看宝宝对粥的食欲如何。如果能在1～15分钟内，轻松地吃完儿童碗的大半碗，就可以给他每天3次。但如果宝宝吃1次粥需要30分钟以上，就暂时不要再加了。

9～10个月的宝宝体重增加的速度没有以前那样快了，一般每天平均增加5～10克。如果平均每天体重增加15～20克，发展下去就有成为肥胖儿的危险。因此，对这种宝宝的饮食就要有所控制，每天配方奶的总量不能超过1 000毫升，粥也不要超过一儿童碗。宝宝饿时，要想办法用苹果等食物来代替。

如果辅食添加得很顺利，妈妈则可以试着喂宝宝吃全蛋了。但鸡蛋以一天一个为限，若宝宝属于过敏体质，建议让宝宝下个月再开始吃蛋白。富含蛋白质与B族维生素等微量元素的豆腐、鱼、肉类每天可喂1～2次，每周可以吃一次动物肝脏以补充铁质。

鱼也并不是一定要白色肉的才能给宝宝吃，像竹荚鱼、青花鱼、松鱼等也可以，但要小心鱼刺。开始给宝宝吃的时候要少给一点，待确定没有出现过敏症状后，还可以给同样量的加吉鱼、蝶鱼等让宝宝吃。

水果中的大部分都可以不切碎、不榨汁，原样给宝宝吃，宝宝也喜欢这样吃。

宝宝饮食时间安排表
早上7：30、中午12：00、晚上17：00给宝宝吃饭
在上午、下午和晚餐两小时后可以给宝宝添加水果
在早上6：00和晚上9：00给宝宝喝配方奶。注意：10个月的宝宝以稀粥、软面为主食，适量给宝宝吃一些新鲜的水果（去皮除核）

正确的喂养方法

9～10个月的宝宝，从开始的每日喂两次辅食慢慢转变到3次辅食。还有不少宝宝，已经每天3顿都与成人一起吃米饭了。宝宝在不满周岁时就已经厌倦了吃粥，而喜欢吃有点嚼劲儿的米饭，对于这样的宝宝换乳就很容易了。

宝宝参考食谱	
早餐	米饭（儿童用碗的1/3）、鸡蛋1个、配方奶100毫升
午餐	米饭（儿童用碗的1/3）和鱼，或主食面包和奶酪，不论吃哪种，其后都要加配方奶100毫升
晚餐	米饭（儿童用碗的1/2）、鱼肉、蔬菜、水果
另外	午后3点和8点半再分别给配方奶200毫升

这样喂养之后，宝宝在室外玩的时间就增加了。并且吃饭的时候可以同成人一起吃，晚饭也能与家人在一张桌子吃，这更增加了家庭团圆的气氛。但是并不是所有的宝宝到了9个月以后都能达到这个程度，食量小的宝宝，在刚开始把粥换成米饭的时候就不能期待他吃很多。

对于母乳很充足的妈妈，一天最好只在早晨起床后和睡前喂。如果让宝宝吃完辅食后就吃母乳，宝宝会撒娇，只吃一点辅食并缠着妈妈要吃奶，这样就会摄取不到必要的营养。晚上临睡前，为了快些哄宝宝入睡，可以让他吃母乳。按照循序渐进的原则，让宝宝先断掉中午那顿母乳，然后渐渐过渡到晚上，晚上喂过宝宝之后，可以陪他睡，如果半夜哭闹可轻拍，但不给他哺乳，现在应该培养宝宝尽可能一觉睡到天亮了，只要坚持这样做最后都能慢慢成功换乳。

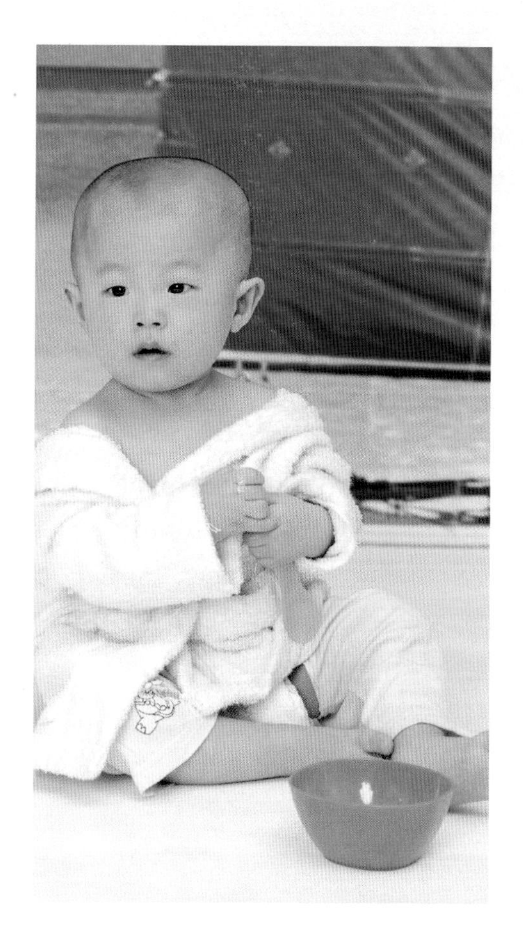

为宝宝养成用餐好习惯

宝宝已经可以慢慢地坐在饭桌旁和家人一起进餐了，培养好的习惯就从现在开始。看看应从哪些方面开始做起：

◎要有良好的餐前情绪。这是决定宝宝是否喜欢吃饭的关键。不要经常逼迫宝宝吃饭或是吃饭时斥责宝宝，否则会让他觉得吃饭是一件令人讨厌的事。

◎添加辅食后，要多变化样式、口味，让宝宝每天对食物感到新奇。

◎让宝宝参与食物的制作，例如，可以让宝宝自己涂果酱，宝宝会因为有参与感，而喜爱吃自己制作的食物。

◎某些食物宝宝不喜欢吃，就不要勉强他吃。相对的，隔一段时间让宝宝再次尝试。宝宝可能只是暂时性不喜欢，过一段时间他可能会喜欢吃。

◎学会替换原则：食物种类虽然不同，但是营养成分却可以替换，如果宝宝真的不喜欢某些食物，就试着找出可替换的食物。

◎杂食充分体现食物互补的原理，是宝宝获得各种营养素的保证。可先从每天吃10种、15种食物做起。

◎要教育宝宝学会“细嚼慢咽”的习惯，虽然宝宝还小，但妈妈可以示范给宝宝看，等大一点宝宝就会开始模仿妈妈这么做了。

◎营养的早餐，对于宝宝与成人来说都十分重要，因为早餐是一天的“智力开关”。

10~11个月

要循序渐进地添加辅食

10个月之前，有些宝宝1天要吃两次米饭，10个月后，也并不一定就要加到每天3顿。即使过了1周岁的宝宝，每天吃3顿米饭的也很少。在10个月以前一直只吃粥的宝宝，如果1次能吃100克以上的粥，可以给1次米饭试试。开始时，在给粥前先喂2～3匙，如果宝宝喜欢吃，可以逐渐增加量。

在饮食这个问题上不可强制。只要能确定宝宝喜欢吃什么即可。鱼和肉末的量也并不一定要增加，根据宝宝的需求即可，如果宝宝能多吃一些，可以逐渐增加量。像青花鱼、沙丁鱼等，也可以逐渐给宝宝吃一些。蔬菜如黄瓜、冬瓜、番茄、青菜、芹菜、西蓝花、蘑菇、胡萝卜、香菇、木耳、笋瓜、茄子、马铃薯等都可以做给宝宝吃，豆腐也可以吃一点儿，鱼（刺少的）、牛肉（铁、蛋白质都很丰富，如果宝宝喜欢，是非常好的食物）、鸡肉、猪肉等也可以吃，肉类里含有丰富的蛋白质，而且肉类的汤搭配蔬菜也可以起到自然调味提鲜的作用。

根据宝宝的特点采取不同的换乳方式

现在，多数的宝宝一过10个月就因为不喜欢吃粥，而改吃米饭了。此类宝宝可以采取以下的喂养方案：

宝宝参考食谱	
8：00	面包1片半、配方奶180毫升
12：00	米饭半碗（儿童碗）、鸡蛋1个、蔬菜适量
15：00	饼干、配方奶180毫升、水果
18：00	米饭半碗（儿童碗）、鱼肉末、蔬菜
20：30	配方奶180毫升

中午的蔬菜可以用菠菜、卷心菜、胡萝卜等，切碎，用鸡蛋做成软煎蛋卷给宝宝吃。午后3点的水果，可以为橘子、香蕉、番茄、草莓等，可以整个给宝宝或者用匙弄碎后喂宝宝吃。晚上的辅食，基本上与爸爸妈妈吃的一样。但是，并不是所有的宝宝都能吃米饭，也有的宝宝只吃粥，而不吃其他的东西。这类宝宝应采取以下的喂食方案：

宝宝参考食谱	
7：00	配方奶200毫升
9：00	面包1片、红茶
12：00	面条半碗（儿童碗）、肉或鸡蛋、配方奶150毫升
16：00	配方奶200毫升
18：30	粥2/3碗（儿童碗）、鱼或肉、水果
21：00	配方奶200毫升

即使过了10个月，如果妈妈的乳汁仍然还很充足的话，可以采取以下方案：

宝宝参考食谱	
6：00	母乳
8：00	主食面包1片、水
12：00	面条或米饭半碗（儿童碗）、鸡蛋、蔬菜
15：00	饼干、水果
18：00	米饭2/3碗（儿童碗）、鱼或肉、蔬菜、汤
21：00	母乳（夜里母乳两次）

过胖宝宝的饮食

现在经常能看见一些“小胖墩”，一般都是原本食量就大的宝宝，从10个月开始就更胖了。尽管宝宝已经能吃很多的粥、鱼肉，但妈妈却仍然没有减少配方奶的量。有的宝宝一直保持着这种习惯，例如，吃了两碗粥、1块鱼、1个鸡蛋后，又喝200毫升配方奶。这样的宝宝如果喂70毫升或80毫升的配方奶就停止哺喂，他还会要。爸爸妈妈的心情是，宝宝无论要什么都会尽量给予，而且出于体重增加越快越好的错误想法，于是就与以前一样喂宝宝配方奶。一直这样喂下去，宝宝就会成为肥胖儿。

在寒冷的季节宝宝夜间易醒且哭闹。妈妈的乳房也胀疼得厉害。每次醒来时，换下湿的尿布就喂母乳，哺乳后四五分钟，宝宝就会入睡。这样一来，由于喂母乳方便，所以就没有强制性地换乳。体重平均每天增加7～8克，可以说喂母乳也不会影响营养的摄入。这样做能使家庭和睦，所以可以持续使用这种方法。随着天气逐渐转暖，宝宝出汗量增多，慢慢的可以开始喂配方奶了。夜里也变得不易醒，这样母乳也就自然地换成配方奶了。

本阶段宝宝主要需要的营养

本阶段的宝宝，有的门牙已长出5～6颗，胃功能增强，已经完全适应以一日三餐为主、早晚配方奶为辅的饮食模式。宝宝以三餐为主之后，家长就一定要注意保证宝宝饮食的质量。宝宝出生之后是以乳类为主食，经过一年时间终于完全过渡到以谷类为主食。米粥、面条等主食是宝宝补充热量的主要来源，肉泥、菜泥、蛋黄、肝泥、豆腐等含有丰富的维生素、矿物质和纤维素，促进新陈代谢，有助于消化。宝宝的主食主要有：米粥、软饭、面片、龙须面、馄饨、豆包、小饺子、馒头、面包、糖三角等。每天三餐应变换花样，使宝宝有食欲。

11~12个月

合理安排宝宝饮食

宝宝快满周岁时，基本能吃成人的食物了，即使不为他做特别的食物，吃现有的食物也是可以的。此时宝宝已结束了以喝配方奶、母乳为主的饮食生活，完成了换乳期的基本任务。但是，认为结束了换乳期就必须停止喂配方奶，那是错误的。随着宝宝的成长，身体的各部分组织都需要增加营养。人体的血液、肌肉和脏器都是由蛋白质构成的，为了制造这些蛋白质，就需要动物性的蛋白，也就是说鱼、肉、蛋类的食物无论如何也不能缺少。

尽管如此，也还有因不喜欢吃这些东西而不吃辅食的宝宝。这样的宝宝最好还是喝配方奶。所以结束了换乳期的宝宝，也可把配方奶作为动物性蛋白的来源，无须停止喂配方奶。

至于配方奶的量，这要依据宝宝吃鱼、肉、蛋的量来决定。不喜欢吃鱼、肉、蛋的宝宝，就必须用配方奶来补充。所以，不要因为宝宝满1岁就只给200毫升配方奶。从11个月到1周岁之间，每天还需要喝600毫升左右的配方奶。

以前，宝宝过了周岁，才可以把粥换成米饭。现在，11个月之前，很多宝宝都已经开始吃米饭了。

宝宝参考食谱	
早餐	米饭（儿童碗的2/3）、汤、鸡蛋
午餐	面包1片、奶酪、配方奶180毫升
加餐	下午3点左右饼干两块、配方奶180毫升、水果
晚餐	米饭（儿童碗的1/2）、鱼或肉、蔬菜、豆腐
睡前	配方奶180毫升

也有不太爱吃米饭，而其他食物吃得多的宝宝，比如：

宝宝参考食谱	
早餐	面包半片、鸡蛋1个、汤、酸奶
午餐	米饭（儿童碗）半碗、鸡蛋1个、香肠、蔬菜、配方奶180毫升
加餐	水果（苹果、橘子、番茄）、配方奶180毫升
晚餐	配方奶200毫升、鱼、肉、蔬菜、水果
睡前	天然果汁200毫升

当宝宝突然不想吃东西时的应对方法

以辅食为主，同时也喝一些配方奶的宝宝，突然出现了不吃固体食物，而只是勉强喝点配方奶的情况。这多是因为患了口腔炎，嗓子痛而导致的。

常见于出现不吃东西症状的前一天，宝宝发热38℃～39℃，而后发热又很快退去。宝宝嘴里长出水疮而疼痛，多数是在发热之后。从季节方面来看，这种病在初夏时节最为常见。平时不流涎的宝宝，患了“口腔炎”后，也会流涎，而且伴有口臭。因这种病是由病毒引起的，所以没有特效药。但同时也不会留下后遗症。4～5天即可痊愈。在患病期间，不能吃硬、酸、咸的食物。

1岁以内的宝宝辅食里能放调料吗

因为此时处于换乳结束期间，除了那些刺激性较大的调味料之外，其他的调味料可以稍微放一些。但是一定要注意，不要让宝宝吃过咸的食物，过咸的食物会让宝宝形成口重的饮食习惯，还会对肾脏造成负担。

宝宝的饮食

1～2岁

周岁之后宝宝喂养

这个时期的宝宝一般都是早餐吃面食，午饭、晚饭吃米饭。虽然宝宝开始吃饭了，但是在这个时期大多数宝宝还是吃不了儿童碗的一碗。强迫不想吃饭的宝宝吃饭或把宝宝硬性放到饭桌前的椅子上，会使宝宝产生想要逃离饭桌的想法。本阶段没有必要让宝宝将配方奶改为每天1次，不喜欢吃鸡、鱼、肉的宝宝，如果不喝配方奶，就会导致动物性蛋白缺乏。

每个宝宝的饮食情况是有明显差异的，没有固定的“标准”。我们来看看食欲好的宝宝与食欲不好的宝宝，他们每天的饮食情况。

食欲好的宝宝	
9：00	面包两片、配方奶200毫升、奶酪、苹果
12：00	米饭1碗半（儿童碗）、整个鸡蛋1个、香肠、蔬菜
15：00	饼干、配方奶200毫升
18：00	米饭1碗半、鱼或肉、蔬菜
20：30	配方奶200毫升

食欲不好的宝宝	
8：30	配方奶180毫升
10：00	点心少许
12：00	米饭几匙、香肠、鸡蛋
15：00	配方奶180毫升
18：00	米饭几匙、鸡蛋糕、鱼、番茄
21：00	配方奶180毫升

所有的妈妈都对宝宝的饮食特别关心。在这里，我们不能认为是他们的喂养方法或是调制方面有什么不同，只不过是宝宝的食欲强弱不同而已。

从营养学的角度来讲，1～2岁的宝宝每天要按1 000克体重两克蛋白质这种比例给宝宝配餐。食欲不好的宝宝也能以他自己的方式成长，本类宝宝对于配方奶和鸡蛋相对摄取较多。

如果认为宝宝是因为喝配方奶才不吃饭，而把配方奶改为每日1次，那么，即使宝宝吃再多的米饭，其必要的蛋白质也会摄入不足。这是因为宝宝在成长过程中需要特定的氨基酸，这些氨基酸恰恰存在于鸡蛋、鱼、肉等动物性的蛋白质中，而在米饭、面条、面包中却含量很少。因此，饭量小的宝宝要多喝配方奶、多吃鸡蛋，这才是合理的饮食方法。

宝宝大体上只吃身体所必需的东西，选择某个时间，让宝宝集中精力，只给他吃他喜欢吃的东西，宝宝会吃得很开心。

一般1岁半左右的宝宝，习惯每天喝两次配方奶，早饭吃面条，午饭、晚饭吃米饭较多。但不太吃米饭的宝宝，最好每天喝3次配方奶。相对于上个阶段开始学用杯子，本阶段，有些宝宝已经可以开始有意识地培养宝宝用杯子喝水或者喝奶。

经验证明，这个时候的宝宝，往往会接受用杯子喝水，但依然依赖用奶瓶喝奶。遇到这样的情况，不必强求，顺其自然即可。

让宝宝练习用汤匙

1岁是宝宝学习使用汤匙的关键时期。虽然宝宝用汤匙吃饭会洒得到处都是，把饭桌弄脏。但是宝宝能主动拿汤匙吃饭，家长应该保护他的积极性。

长时间把宝宝束缚在椅子里，宝宝会变得只要看到吃饭用的椅子就食欲大减。让宝宝保持良好的情绪是最重要的事情。有时，妈妈为了让宝宝用好汤匙，便手把手地帮宝宝吃饭，殊不知这种做法是宝宝最讨厌的。

手部精细动作发育较快的宝宝超过1岁半就会拿筷子了（但不会拿筷子也不要紧）。即使宝宝是左撇子也不要强迫他改成用右手拿汤匙，勉强宝宝换手吃饭，宝宝可能会失去用匙吃饭的兴趣。总是矫正矫正再矫正的话，宝宝会变得完全不会独立吃饭，就让宝宝自由地用左手吃饭好了。

适当让宝宝吃一点零食

吃零食是宝宝的一大乐趣。既然是乐趣，就要给予宝宝。但是，零食也有利有弊，因为其中富含糖分，会损害牙齿，若是既含糖又含奶油的零食，宝宝食用过多会因营养过剩而发胖。那么什么样的零食适合宝宝呢？给多少对宝宝来说才算合适呢？这应该根据宝宝目前的饮食方式来决定。

一日三餐都能高高兴兴地吃，体重也超过了1300克的宝宝，尽量不要给零食，而应适当给一些应季水果。那些富含能量的面包、饼干、马铃薯片、爆米花等最好还是敬而远之。像牛奶糖、巧克力等热量非常高的零食会损坏牙齿，要少吃。为了缓解空腹感，可以在家里自制一些用天然水果的小点心给宝宝食用。

在本阶段，零食的作用在于让宝宝学会咀嚼。可以把苹果、梨切成片给宝宝吃，或者给宝宝一些酥脆饼干（低糖）等。对于那些饭量小的宝宝，零食具有补充营养的作用。如果是不吃米饭，却能吃饼干的宝宝，就给宝宝饼干以补充营养（但注意不要食用过量，且食用后注意漱口）。不喜欢吃鱼、肉的宝宝，就给他吃含牛奶、鸡蛋的食品，如烤饼、蛋糕等家里可以做的食品。享用零食的注意事项：

◎食用时间不要离正餐太近

零食最好安排在两餐之间。

◎新鲜、易消化

多选新鲜、天然的零食，少吃油炸、含糖过多、过咸的零食。

◎零食不是奖励品

不要将零食作为奖励、安慰或讨好宝宝的手段，时间长了，宝宝会认为奖励的东西都是好的，便会更加依赖。

◎少量适度

在食用量上，零食的食用量不能超过正餐，而且吃零食的前提是当宝宝感到饥饿的时候。

◎少喝含糖饮料

凉开水才是最好的饮料，应鼓励宝宝多喝凉开水，养成良好的饮水习惯。

◎吃零食前后，要注意卫生

吃零食前要洗手，吃完零食应漱口，从而预防疾病和龋齿。

多大的宝宝可以吃坚果

宝宝吃坚果要在添加辅食之后，具体要看宝宝的消化能力和咀嚼能力的发育程度，一般在6个月后便可添加，但消化、咀嚼能力差的宝宝应在10个月后添加。因为坚果类容易造成宝宝窒息，所以两周岁前的宝宝不宜吃整粒的坚果，妈妈可以将杏仁、核桃、松子、榛子等用研磨器磨成粉状，拌入色拉、菜中或是撒在饭上，这样不但可以增加口感，还可以使宝宝充分吸收坚果的营养。待宝宝到了两周岁后，就可以吃整粒的坚果了。不过妈妈也要全程在旁边照看，以防意外发生。

宝宝过胖怎么办

有的食量过大的宝宝，在这一阶段开始更胖了，原因可能是由于尽管宝宝已经开始吃很多的粥、鱼、肉等固体食物，可配方奶的饮用量却没有减少。而父母由于怕宝宝营养缺乏，在宝宝吃完很有营养的固体食物时又接着喂配方奶。父母的心情可以理解，但如果长此以往，就会出现父母不希望出现的结果——肥胖儿。

父母要控制有这类倾向宝宝的饮食，比如把过去吃4次的奶粉减至两次，相应的主食粥、米饭、面包等的量也要减少，因为主食更容易使宝宝变胖。

2~3岁

宝宝的饮食

帮助宝宝养成独立进餐的好习惯

就在这个阶段要面临去幼儿园的问题，在那里可以和小朋友围在桌前一起吃饭。所以现在就需要让宝宝感受这样的氛围，到幼儿园后才能更好地适应。很多方面从现在开始，在家里便要慢慢来训练，比如，和家人一起吃饭、自己拿汤匙或者筷子、自己盛饭、夹菜等，学会这些是需要时间的，妈妈不能着急，不能把这些变为宝宝讨厌吃饭的理由。

培养宝宝良好的用餐习惯和礼仪

为预防宝宝龋齿，要在每顿饭后给宝宝喝凉开水。吃过零食特别是甜食之后，要让宝宝自己拿牙刷刷牙，逐渐他就会养成这种习惯。在选择牙膏方面，最好使用不含氟的，这是因为宝宝很可能会把牙膏不小心咽进腹中。现在，宝宝牙刷还使得不够灵巧，但只要能养成在饭后刷牙的习惯即可。

宝宝还要养成饭前洗手的习惯。当然，身为父母也必须在饭前洗手，给宝宝做好榜样。另外为了让宝宝自己能洗手，水管的水龙头要安装在宝宝能够得到的地方。如果水龙头较高，就需在下面垫上结实、安全的凳子或台子。需要注意的是，在天气比较寒冷的时候，要使用热水器的温水，不能让宝宝一个人在水池边拧热水器的水龙头。

要养成吃饭前说“我吃饭了”，饭后说“我吃好了”的习惯。家庭成员一起吃饭时，家里的所有成员都要说“我吃饭了”，宝宝会受到很大的影响，对养成好的习惯很有益处。

适当让宝宝吃零食

人的一生最好是快快乐乐地度过，特别是天真无邪的宝宝，所以不要剥夺他吃零食的权利。

2～3岁的宝宝这儿跑跑、那儿跳跳的，活动起来会消耗很多能量，可以适当吃一些零食以满足宝宝的自身需要。但糖类摄取过多，就会转化成脂肪使宝宝变胖。因此，零食不可过量，也不要选择含糖量过高的食物。

这个年龄的宝宝，食量小，所以零食给宝宝自制的饼干、蛋糕、面包为好。但是，对能吃两碗饭、小饼干和烤面包各吃3块的宝宝，不能给糖分高的小零食，否则宝宝会过胖的。食量大又缺少户外活动的宝宝，零食最好还是给水果比较好。

把少许零食放到专用容器里，然后拿到宝宝面前让他吃。容器很大很能装的话，宝宝会有多少吃多少。所以要放少一些，即使宝宝吃完了向妈妈撒娇也不能多给。

鼓励宝宝好好吃饭

宝宝吃饭不好，妈妈着急起来往往会威逼利诱，甚至让每顿饭都成为一场博弈。这样做的结果可能使宝宝越来越抗拒吃饭。这里有一些鼓励宝宝好好吃饭的正确做法，供您参考：

◎吃饭和吃零食的时间要有规律，还要考虑到宝宝白天小睡的时间。每天按时吃三顿正餐和2～3次有营养的小零食。吃零食不要影响吃正餐。

◎最好不要把宝宝吃正餐的时间安排在他要午睡的时候，因为那时候他很可能会因为太困而不想吃东西。给他一些零食或饮品即可，等他睡醒后再吃饭。

◎每一餐除了正常的饭菜外，可给宝宝准备些点心，尽可能增加食物的品种，让宝宝吃到更多有营养的食物，不要把点心作为让宝宝吃饭的奖励。

◎尽量和宝宝一起吃那些您想让他吃的营养食物。记住：父母是他的榜样，吃饭时要多称赞那些食物，鼓励他去吃，比如说：“嗯，这个真好吃！”“太棒了，都是妈妈爱吃的。”

◎要尊重宝宝的饮食习惯，宝宝对食物的味道和口感都有自己的喜好。例如，有些宝宝喜欢沾着酱吃，有些宝宝喜欢干吃，而有些宝宝则喜欢每种食物都与其他食物分开放在盘子里。

3～4岁

宝宝的饮食

合理安排3岁宝宝的饮食

这个年龄的宝宝，虽然体重增加得不多，但身高却增长6厘米之多。在妈妈看来，宝宝简直一点都没胖。大多数妈妈都非常在意宝宝食量小的问题，其实，如果宝宝按妈妈要求的那样吃饭，一般宝宝就会吃得过量。下面是这个年龄段宝宝的参考饮食：

宝宝参考饮食表	
7：30	起床
8：00	面包1块、牛奶200毫升
10：00	饼干、水果
12：00	米饭1碗、鱼（大体与成人同量）
14：30	小面包1个、牛奶200毫升
18：00	米饭1碗、鸡蛋1个或肉、蔬菜（成人的2/3）、水果

如果是在夏季，饭量应该会稍减一些。口渴时，可以再喝200毫升牛奶。

这时的宝宝，一般牛奶减到400毫升。除吃饭以外还要喝800毫升左右牛奶的宝宝，就会变得过胖，牛奶饮用量和其他饮食量要合理安排，还需要根据季节来增减。

超过3岁时，多数宝宝能自己用筷子、自己端饭碗。如果是急性子的妈妈，等不及宝宝慢慢吃完饭就中途喂宝宝，结果就会导致宝宝总是不会用筷子。话虽是这样说，但如果吃饭时间太长，会减少宝宝其他活动的时间。如果30分钟还吃不完饭的话，最好把饭量减少，多增加其他食物。对蔬菜吃得少的宝宝，需要多吃一点水果来补充维生素。

关注宝宝在幼儿园里的饮食情况

现在很多宝宝大部分的时间是在幼儿园度过，宝宝在幼儿园吃饭的情况是很多爸爸妈妈担心的问题。刚入园的宝宝，对家里饭菜的口味、菜的种类、蔬菜和肉的搭配形式都已经“先入为主”。进入幼儿园后，进餐环境和饭菜品相都出现了较大改变，宝宝需要时间来调整自己的适应能力。这段时间，有的宝宝可能会出现拒绝吃饭甚至呕吐的情况。如果规定宝宝一定要吃完，并且让老师检查是否把碗里的饭都吃干净了，那么为了躲避老师的检查，宝宝可能会出现把不喜欢吃的菜或者是吃不了的饭，放在兜里或偷偷倒掉等行为。

宝宝容易养成从幼儿园回来，因为没吃饱还要吃其他食物的习惯。如果老师指导得好，宝宝以前不吃的蔬菜也可以吃些了，但这并不代表宝宝之前不喜欢吃的东西现在变得喜欢吃了，只是宝宝强忍着吃了他不喜欢吃的东西而已。

事实上，幼儿园的营养配餐更注重蔬菜和肉类食物的均衡搭配，小班宝宝的食物通常会切得细碎，炖得更软烂，便于宝宝咀嚼。虽然最初有的宝宝可能会出现不适应的问题，但大多数宝宝很快就会调整过来。想想看，在幼儿园里，宝宝奔跑、游戏、玩耍，消耗能量，手边又没有零食，也没有随意的“加餐”，很快就会感到“饥饿”。小肚子“咕噜噜”叫的时候，饭菜就变得诱人无比了。

对于宝宝实在不喜欢吃的食物也不必特别勉强，可以鼓励他少吃一点。

妈妈在家里也要多变换各种食物，而不是只做宝宝爱吃的那几类，应搭配着给宝宝吃，以使宝宝能够逐渐适应幼儿园的饮食。

如何防治宝宝偏食

3～4岁的宝宝容易挑食，有的宝宝特别不喜欢吃蔬菜，有的宝宝不喜欢吃肉、鱼、蛋，有的宝宝不喜欢喝奶粉。总之，由于宝宝个性的不同，喜欢和不喜欢的食物也不同。家长应针对自己的宝宝采取不同的措施。欲治偏食，并没有什么特殊的速效药，也不用强制性地让宝宝吃那些不喜欢吃的菜，需要的是家长较长的时间和耐心。家长要以身作则，并且要提高自身烹饪技术，想办法将菜做得使宝宝爱吃。

4~5岁

4~5岁宝宝的饮食

宝宝在4～5岁这段期间，体重的增长还是相对比较缓慢，按月份算的话，每个月只增加1瓶牛奶的重量，很多时候爸爸妈妈不清楚宝宝在1个月里体重是否有所增加。此时妈妈就会担心，是宝宝的饭量不够导致的。另外，宝宝的饮食情况也会让妈妈担心，如果宝宝表现得“食欲缺乏”，妈妈就会特别着急。

宝宝参考食谱	
7：00	起床
7：30	牛奶200毫升、面包1块、奶酪或香肠少许
中午在幼儿园吃饭	
14：00	苹果、牛奶200毫升（是在幼儿园没有加餐的情况下，现在一般幼儿园在这个时间会给宝宝加一餐）
18：30	米饭1碗、鱼（大体与成人相同）、水果
20：00	苹果1个或酸奶100毫升

以上是正上幼儿园的宝宝的食谱，因为中午幼儿园蔬菜供应比较足，宝宝可以多吃一些，所以晚饭可以用水果来补充。夏季里饭量会减少，因此口渴时，让宝宝多喝一些牛奶。零食或餐后点心中的苹果随着季节的变换，可以换成草莓、橘子等。按这种食量，宝宝在4～5岁之间可以增长1.5～2千克的体重。

这个时期的宝宝，主动洗手吃饭很少见。这时妈妈往往斥责他，但是斥责也不是好办法，还是应让宝宝高高兴兴、开开心心地吃饭。如果吃饭前总是批评宝宝，宝宝的食欲就会下降。吃饭的时候看电视也是妨碍宝宝吃好饭的因素之一，所以还是尽可能地让宝宝远离电视。

如何合理分配宝宝的零食

在这个年龄段，几乎没有不吃零食的宝宝，而且吃零食时比吃饭更高兴。宝宝对零食的欲求，与生活的方式有关。以前宝宝们在一起玩耍的时间多，所以就会一起到食杂店去买零食。而现在，大多数都待在家里。很少和小朋友在一起玩，因此养成了什么事都按自己的想法做的习惯。不听妈妈的话，看到电视广告里出现了巧克力、糖果，就缠着妈妈要。使得只能在10点和午后3点才能吃零食的规定很难养成。

要趁宝宝去上幼儿园的时候，把零食买回来，这样，妈妈就可以在规定的午后3点给宝宝零食吃。如果宝宝能经常和其他小朋友在一起，就必须要接受把零食分给他人的情况。因此，从增进和小朋友一起玩的乐趣这种意义上讲，妈妈应该让宝宝和小朋友一起吃零食。也要和其他妈妈商议好宝宝在一起玩时，给宝宝吃什么零食好，要经常变换品种。吃零食后要让宝宝刷牙。如果不刷牙，也要喝些凉开水。

宝宝经常“上火”怎么办

宝宝是否经常出现粪便干、尿液黄、皮肤干燥、口舌生疮、眼部分泌物多甚至鼻出血等现象呢？这很可能是“上火”。

宝宝上火了，除了在医生的指导下服用一些宝宝专用的清凉、去火的保健品或中成药外，还应当多让宝宝喝水，吃水果、蔬菜，也可以给宝宝喝些绿豆汤或绿豆粥。

宝宝的饮食

5~6岁

了解宝宝饮食上的嗜好

◎饮食方面

宝宝对食物的好恶依然存在，但不会太挑食了，因此一般不会导致营养不良。现在，宝宝一般每天喝200～400毫升牛奶即可，具体量还得由宝宝的身体情况来定，但不建议超过800毫升。

◎饮水方面

能喝水的宝宝和不太喝水的宝宝比较，有很大的差别。能喝水的宝宝，在吃饭时旁边也放上水杯，吃饭期间要喝好几次水。这样的宝宝爱出汗、尿量也多，因此能喝水也是正常的。

了解本阶段宝宝的喂养方法

5～6岁这一阶段，宝宝不像婴儿期那样能吃饭。早晨睡到该去上幼儿园的时间才起床，因此没有充裕的吃饭时间。中午在幼儿园吃，到了晚上就吃得很饱。所有的妈妈都想让宝宝多吃点儿。但是，这个年龄段的宝宝如果像婴儿期那样吃饭，会变得过胖。让我们看一下已经发胖的宝宝的饮食：

发胖宝宝参考食谱	
早餐	烤面包2～3片、牛奶200毫升、煮鸡蛋1个
午餐	幼儿园午餐（食量很好，基本都吃得光光的）
零食	包子、面包、水果
晚餐	米饭两碗、肉、鱼（与成人量相同）、蔬菜、果汁

这类宝宝虽然上幼儿园，身高并不高，但体重已相当于小学二年级学生，说明宝宝过于肥胖。再说一下与上面的宝宝相反的食量小的宝宝的饮食：

小食量宝宝参考食谱	
早餐	蛋糕1块或不吃东西
午餐	幼儿园午餐（基本都吃不完）
零食	水果、点心
晚餐	饭1碗（90克）、草莓或橘子（70克）

一般宝宝的食量应该介于以上这两类宝宝之间。即使1天吃的米饭合计起来只有1碗半左右，但鱼、肉等的量与成人相同，宝宝也能够生长和发育得很好。不喜欢吃鱼，也不喜欢吃肉的宝宝，可以给喝400～600毫升的牛奶。现在宝宝的平均身高与这种饮食结构有关系。对不喜欢吃蔬菜的宝宝，可多给他些水果。完全可以用食物的搭配来调节营养的平衡。

饮食习惯的培养

在饮食方面除了均衡的营养搭配，良好的饮食习惯也非常重要，特别是宝宝一天天趋于独立，各方面的能力都不能忽视，在饮食上我们需要对以下几点多加注意：

◎如果爸爸妈妈做不到饭前洗手、饭后漱口，宝宝也不会养成这种习惯，所以，爸爸妈妈必须要有良好的习惯。

◎宝宝即使不能熟练地使用筷子，也不要给他换汤匙。与其每次看到都要提醒宝宝，不如就让他不用筷子就不能吃到的食物。

◎吃饭是宝宝生活的乐趣之一，因此要让宝宝能高兴地吃饭。如果在饭桌前，爸爸总是进行“道德教育”，妈妈总说“不再多吃点不行”等，这样一来，宝宝一坐到饭桌前，就会没有食欲。

◎不要让宝宝养成一边看电视，一边吃饭的坏习惯。不然宝宝就会不再关心今天妈妈为自己做的饭菜了。

了解宝宝吃零食的习惯

宝宝从幼儿园回到家后，妈妈给宝宝准备了零食，就会有回家了的感觉。因此，妈妈可以给宝宝零食吃，但是，要注意下面几点：

◎对于能很好地吃饭、有发胖倾向的宝宝，要尽量给含热量少的零食。可以给水果、乳酸饮料等。

◎对于食量小的宝宝，为补充糖分，可以给饼干、年糕片、蛋糕、面包等，不要给含盐量多的食品。

◎不喜欢吃鱼、肉的宝宝，可以给牛奶。也可以将奶酪、香肠夹在一起，做成三明治。

◎妈妈做一些控制糖分、盐分的自制点心，等着宝宝回家吃。因为这可以使宝宝感觉到只有在家里才是最快乐的。

◎上班族的家庭，为了弥补宝宝独处时的寂寞，常在橱柜里塞满了零食，但要注意如果宝宝正在发胖，这些零食最好离他远一点，一次也不要给太多。

◎没养成吃完零食后漱口、刷牙习惯的宝宝，从现在开始就要养成良好的习惯。

如何了解宝宝的挑食行为

应对挑食的宝宝，和应对其他行为问题（比如反抗和逆反）一样，需要少给宝宝压力，别和他吵架，别斥责他。只要把健康食物放在桌上即可。尽量在饭桌上放一种宝宝愿意吃的东西，然后让他自己选择吃什么、吃多少。例如，他选择只吃馒头，那就让宝宝吃馒头。请不用担心，宝宝知道自己吃多少，关键是不要为吃什么而和宝宝争吵。

宝宝挑食，还有一个合理的科学解释，即宝宝的味蕾比成人多（味蕾随着年龄的增长而减少），所以嘴就更“刁”，这可能是为什么宝宝不愿意吃辣的东西或西蓝花这样的蔬菜的原因。有些成人，如好的品酒师，味蕾也比其他人更敏感。

要尽量把蔬菜做得更美味些。像红薯、胡萝卜这样有甜味的菜，可能要比西蓝花更受宝宝的欢迎。另外，和家人一起吃饭的宝宝，会比单独吃饭的宝宝吃得更健康。

宝宝的智能

0～1周

宝宝的智能

了解新生儿的六种状态

虽然新生儿大多数时间都在睡觉，但随着爸爸妈妈对宝宝的深入了解，爸爸妈妈会发现他有时候警觉而主动，有时候疲劳而易被激怒，实际上这是新生儿六种知觉状态的循环。

◎第一种状态：新生儿的深睡眠状态，新生儿基本上是仰卧着不动。

◎第二种状态：新生儿的浅睡眠状态，睡觉时有噪声会将新生儿惊醒。

◎第三种状态：新生儿的嗜睡状态，打哈欠、翻白眼，眼睛都开始慢慢闭合。

◎第四种状态：新生儿平静而警觉的状态，眼睛睁开，身体不动。

◎第五种状态：新生儿活动而警觉的状态，新生儿的面部和身体在活动。

◎第六种状态：新生儿的哭泣状态，新生儿哭泣或哭闹，并且身体也随之乱动，躁动不安。

了解新生儿的条件反射

新生儿一出生就具有一些原始的条件反射，随着月龄增加，有些反射会减弱并消失。对新生儿的这些行为，及早地加以训练，会大大促进大脑的发育。所以爸爸妈妈需要及早地了解这些条件反射，并有针对性地进行开发和培养，养育出一个健康、聪明的宝宝。

◎拥抱反射：爸爸妈妈可以在新生儿仰卧时轻轻拉起他的双手，然后将他慢慢抬高，当他的肩膀略微的离开床面时突然松手。这时，正常的新生儿会双臂外展、伸直继而内收，动作类似于拥抱，这就是新生儿先天的一种反射。注意在做这种动作的时候要轻柔，千万别吓着宝宝，更别伤着他。

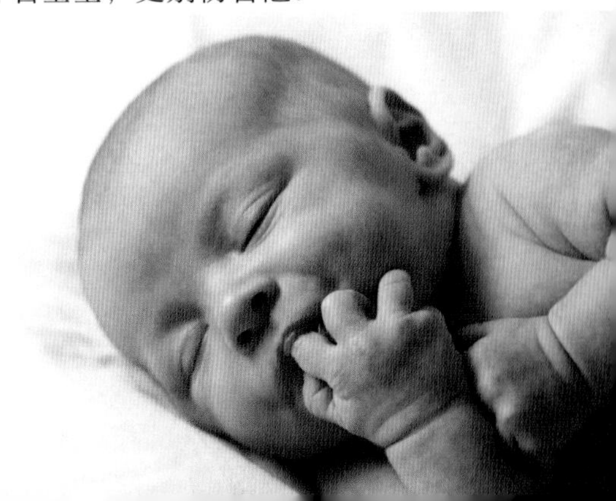

◎踏步反射：用手臂托着新生儿的身体，让他的两个足底接触到平面，这时他会将一只脚放在另一只脚的前面，好像在踏步。

◎觅食反射：妈妈试着用手指轻轻触碰宝宝的面颊，正常情况下他会反射性地把头转向妈妈的手指。如果触他的口唇，他会噘起小嘴，好像觅食的小鸟。

◎强直性颈反射：当新生儿的头转向一侧时，他的这一侧手臂是伸直的，另一侧是弯曲的。

◎掌握反射：这种反射做起来比较简单，妈妈把手放在新生儿的手掌中，他会立即握住妈妈的手指。

◎足握反射：敲击新生儿的足底时，他的足底会屈曲，脚趾收得很紧。

如何让新生儿游泳

现在一般在医院出生的新生儿，在宝宝健康的情况下，第二天医生就会安排给新生儿游泳了，游泳可以给新生儿带来很多好处。

◎游泳能刺激新生儿神经系统发育，促进新生儿视觉、听觉、触觉各个综合信息的传递，使他尽快适应外界的环境。

◎游泳能加强新生儿胃肠道激素的分泌，增强食欲和消化功能，促进新生儿成长和发育。

◎游泳能增强新生儿的循环和呼吸功能，调节血循环速度，增强心肌收缩力；通过水对胸廓的压力，促进新生儿胸部的发育，增加肺活量。

◎新生儿在水中自主的全身运动，可增强其骨骼、肌肉的灵活性。

◎水的轻柔爱抚，还能使新生儿感到身心舒适，有利于提高新生儿的睡眠质量。

经验★之谈

现在很多家庭都购买了充气的游泳池，自己在家里就可以让宝宝游泳。虽然这样更方便，但是一定要注意几个必要的条件：

1.每次游泳时间一般为10～30分钟，而且最好选择在哺乳后40分钟左右。

2.夏季室内温度要求保持在22℃～24℃，冬季室内温度要求保持在26℃～28℃。

3.夏季游泳的水温要求保持在37℃～38℃，冬季游泳的水温要求保持在39℃～40℃。

4.为新生儿肚脐处贴上防水护脐贴。

5.给宝宝套颈圈时，注意检查宝宝的双耳、下颏是否露于颈圈上，纽带是否扣紧且粘牢固。

6.将宝宝放入泳缸时，动作要轻柔，下水后，让宝宝自由游动，并且做到全程监护。

给新生儿做按摩

每天爸爸妈妈可以在宝宝醒着的时候给宝宝做按摩。在做按摩时，爸爸妈妈可以一边做一边跟宝宝说话，这样对新生儿的身心发育都非常有帮助。

◎头部按摩

用双手按摩新生儿的头顶部，轻轻画圈做圆周运动，记住要避开囟门；然后用指腹从中心向外按摩新生儿的前额，轻轻从新生儿额部中央向两侧推，移向眉毛和双耳。这种按摩方式对平息宝宝的情绪非常有效果。

◎颈部和肩膀按摩

先从新生儿的颈部向下抚触，慢慢移至肩膀，再由颈部向外按摩；然后用手指和拇指按摩宝宝的颈部，从耳朵到肩膀，从下巴到胸前。

◎胸、腹部按摩

轻轻沿着宝宝肋骨的曲线向下抚触宝宝的胸部。在宝宝的腹部用手指画圈揉动，从肚脐向外做圆周运动，以顺时针方向逐渐向外扩大。双手可以交替连续进行按摩，注意要控制自己的力度。

◎胳膊按摩

让宝宝仰卧着，拿起一只胳膊。首先从腕到肘，再从肘到肩膀；然后，从双臂向下抚触、滚揉；最后按摩宝宝的手腕、小手和手指，并用拇指指腹抚触宝宝每一根手指。

◎腿部、脚和脚趾按摩

从宝宝大腿开始向下，将另一只手放在宝宝的肚子上；然后从大腿向脚踝方向轻轻抓捏宝宝的腿，轻轻摩擦宝宝的脚踝和脚，从脚跟到脚趾进行抚触，再分别按摩每根脚趾。还可以将脚趾搬给宝宝看，让他意识到脚趾是自己身体的一部分。

◎后背按摩

先轻轻地把宝宝翻过来俯卧，用两个手掌从宝宝的腋下向臀部方向按摩，同时用拇指轻轻挤压宝宝的脊骨。因为按摩时宝宝看不到爸爸妈妈的脸，所以需要一直跟宝宝说话。

和新生儿做游戏

玩是宝宝的天性，每个宝宝生下来就会玩，在宝宝醒着时爸爸妈妈可以和宝宝做一些简单的游戏，促进宝宝的发育，也让宝宝更加愉快。

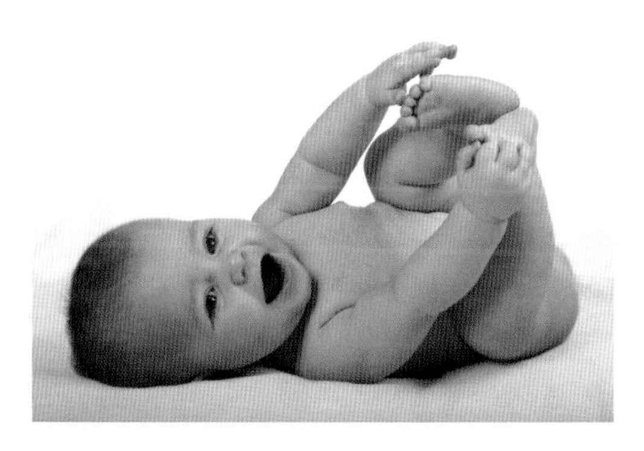

◎扇扇子

如果是在夏夜爸爸妈妈可以轻轻扇动手中的小扇，并和着扇子的节拍轻声哼唱小曲。宝宝会觉得扇扇子和听小曲很惬意，这样的安抚对宝宝的入睡也很有帮助。

◎吹气

当宝宝需要安慰时，试着向他的脚吹气。这样做能让宝宝慢慢地放松下来。

◎“好斗的小兔子”游戏

让宝宝仰卧，抓住他的腿，一边唱儿歌一边按摩，一次按摩一条腿。先用右手，再用左手，快速轻柔地从大腿而下抚摩，抚摩到脚时手拿开，儿歌唱完后在他大腿内侧轻挠几下。这是一个很好的亲密接触游戏。

新生儿能否抱到户外去

新生儿不能直接到户外暴晒。一般要等出生3～4周后，才能把宝宝抱到户外晒太阳，而且刚开始的时间要短，然后再慢慢地增加晒太阳的时间。宝宝在较强烈的阳光下最多只能停留15分钟左右。在户外，不要让宝宝的头部及脸部直接照射，可将宝宝抱到阴凉处或给宝宝戴帽子。

要不要为新生儿“挤乳头”

在中国民间有一种“挤乳头”的育儿习俗，就是挤压新生儿的乳头。特别是女宝宝，认为不挤压乳头，以后就不能给后代哺乳，其实这是没有科学根据的。不论男宝宝还是女宝宝，出生3～5天后，都会出现乳腺肿胀的生理现象。触摸会感觉到有蚕豆大或山楂大小的硬结，轻轻挤压还有乳汁。这是由于受母体雌激素影响的结果，一般2～3周可自然消退。

此时，千万不要挤压，否则不慎把乳头挤破，会带进细菌使乳腺红肿、发炎，严重的甚至可能引起败血症。如果是女宝宝，挤压造成乳腺发炎，使部分乳腺管堵塞或形成瘢痕，当宝宝发育为成年女性时，还会影响到泌乳。

要不要抱宝宝

在宝宝刚出生时，基本上爸爸妈妈都会有这样的一个问题。如果宝宝睡着了肯定不需要将宝宝抱起来，但在宝宝醒了或哺乳后，或换完尿布还需要抱一抱。宝宝的眼睛还看不清楚，他只能通过抱来感受亲人的温暖。所以抱宝宝时宝宝的心情自然比整天一个姿势仰卧着要好。

但抱宝宝的时候要注意抱的姿势，因为宝宝头部还不能立起来，所以抱的时候应该支撑着宝宝的头部。

经验★之谈 长辈经常会说，宝宝不能多抱，抱多了容易形成抱癖。其实抱是有利于宝宝的成长和发育的。抱着宝宝可以使他看到更多的事物，仰卧着的宝宝每天只看天花板，缺乏神经发育必需的各种丰富的刺激。抱宝宝时要同宝宝说话、唱歌，用眼睛温柔地注视着他，这种感情交流，对宝宝的大脑发育、精神发育以及身体生长都有着极大的好处。

但要特别注意，宝宝睡觉时千万不要抱着睡，宝宝一旦有睡意就应该把宝宝放到床上去，让宝宝明白睡觉就应该在床上。避免宝宝养成要抱着才能睡的习惯。

能给新生儿照相吗

宝宝的到来给爸爸妈妈带来了欣喜，爸爸妈妈总是想用相机留下宝宝每一个珍贵的瞬间。但给宝宝照相时一定注意不要使用闪光灯。因为新生儿的眼球尚未发育成熟，强烈的光束会损害他的眼睛。如果用闪光灯对准他们拍照，闪光灯闪光的一刹那，哪怕是五百万分之一秒钟时间的光也会损伤宝宝的视网膜。

经验★之谈 许多妈妈认为宝宝不能见强光，就把宝宝的房间布置得很昏暗，或只给宝宝开一盏小瓦数的灯，这对宝宝视觉发育是极为不利的。其实应该合理安排新生儿的生活环境，让宝宝的居室阳光充足，可以晒到太阳。白天不需要给宝宝的居室挂窗帘，尤其是比较厚、颜色比较深的窗帘，晚上则完全可以使用正常的照明灯。

2～4周

宝宝的感官和心智发育

在2～4周，宝宝的感官和心智都发育得比较快。我们首先要了解一些基本情况，才能有针对性地训练宝宝。

◎宝宝能注视20～45厘米远的物品，能看黑白图案，更喜欢像红和绿这样明亮的颜色，当看到自己熟悉的形状和一些特殊面孔时，宝宝会特别的兴奋。

◎宝宝能够和爸爸妈妈对视，当他注视爸爸妈妈时，爸爸妈妈也应该很专注地看着他，给他一个微笑。

◎宝宝有时会发出“啊啊”的声音，急切地需要被关注和爱抚。

◎宝宝对声音也有反应，当爸爸妈妈呼唤宝宝的乳名时，宝宝会感觉到很快乐。

◎当把宝宝的手指扳开时，他会抓取东西，但抓不稳很快会掉下来。遇到突发情况时，宝宝会紧抓抱着他的人。

◎在喂母乳时，宝宝会寻找乳房。

◎当宝宝遇到困难时，会哭着寻找帮助。

◎当抱着宝宝时，用温和的声音和宝宝说话，他会和抱着他的人做眼神的交流。

多与宝宝进行皮肤接触

抚摩是一种“爱的传递”，当妈妈哼着柔美的歌曲，轻轻地抚摩着宝宝，皮肤与皮肤的亲密接触、眼神与眼神的交流时，这是爱的释放，也是爱的接受。在这一段时间内，妈妈把心中对宝宝无尽的爱，尽可能地通过温暖、柔软的触摸传递给宝宝，由此使宝宝内心有了安全感和归属感。同时抚摩的刺激通过皮肤传达到宝宝的大脑，起到促进大脑发育和提高智力水平的作用。

经验★之谈 “现在的宝宝比以前的宝宝聪明多了。”经常听到这样的说法。其实宝宝的智力发育有多方面的因素，除了遗传外，外在环境和一些营养物质都会影响智力的发育。

现在营养物质肯定比以前充足，更重要的是现在的宝宝在婴幼儿期看到、听到、触摸到的东西更多，这些才是促使宝宝智力发育的关键。所以在婴幼儿期爸爸妈妈应尽量让宝宝愉快地进行各项认知训练，促进宝宝大脑的发育。

给宝宝做按摩

2～4周的宝宝身体各部位还没有完全发育好，没有足够的力量去支撑自己的头部以及腰背。最好的方法是给宝宝做一套亲子抚触操，但力量不能太大，在进行的过程中应该随时观察宝宝的情况，适当增加或者删减宝宝喜欢或者不喜欢的动作。

◎第一节：按摩全身

让宝宝自然放松仰卧。“一、二、三、四”，妈妈握住宝宝的手腕，从腕部向上分四次抚摩至肩膀；“五、六、七、八”，妈妈握住宝宝的脚踝，从脚踝向上分四次抚摩至大腿根儿；“二、二、三、四”，用指腹从胸部以顺时针方向画圈抚摩；“五、六、七、八”，用指腹从胸部以逆时针方向画圈抚摩。

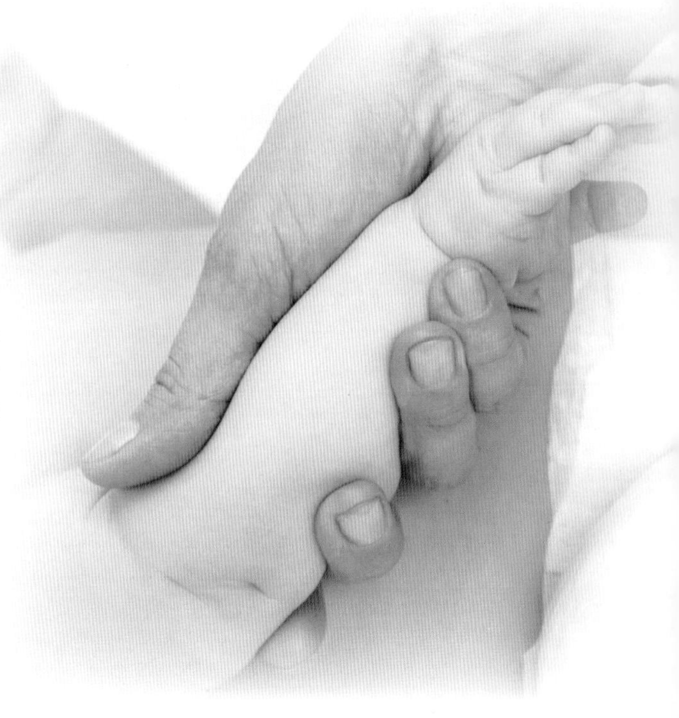

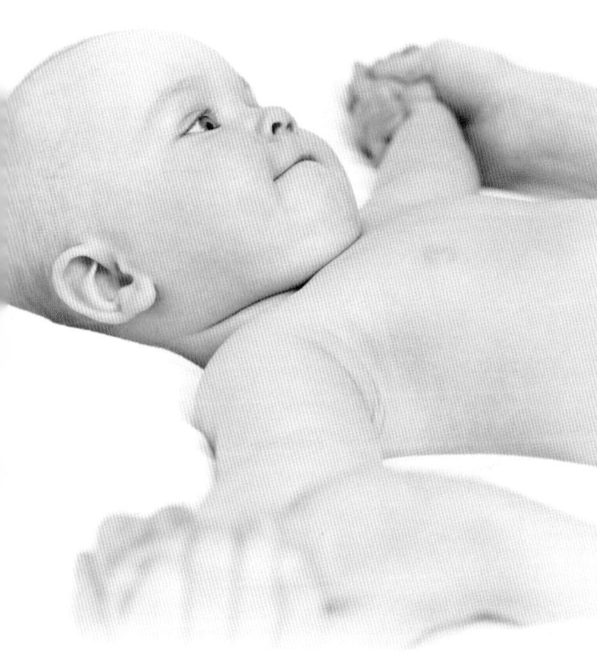

◎第二节：屈肘上举运动

握住宝宝的上臂。“一”，从宝宝的上臂向手腕抚摩，抚摩的同时将其手臂向上平举；“二”，轻轻揉动宝宝的手腕并将双臂关节弯曲，将小手水平置于胸前；“三”，妈妈将手掌贴在宝宝的胸部并向上推动，待手指接触到锁骨后，转向两侧推向肩胛，并将他的手臂向上托起伸直，然后妈妈将双手向下滑动回到宝宝的胸前；“四”，还原到起始体位。再重复4次。

◎第三节：两臂交叉及肩关节运动

握住宝宝的上臂和手指。“一、二”，从宝宝的上臂向手腕抚摩，抚摩的同时将其手臂平举；“三、四”，从手腕抚摩至肘部，并将宝宝的双臂在胸前交叉；“五、六”，托住宝宝的左臂肘由内向外做转圈动作；“七、八”，托住宝宝的右臂肘由内向外做转圈动作；“二、二、三、四”，妈妈右手握着宝宝的手指将手臂抬起，顺时针方向依次做两圈圆周运动；“五、六、七、八”逆时针方向做两圈圆周运动。

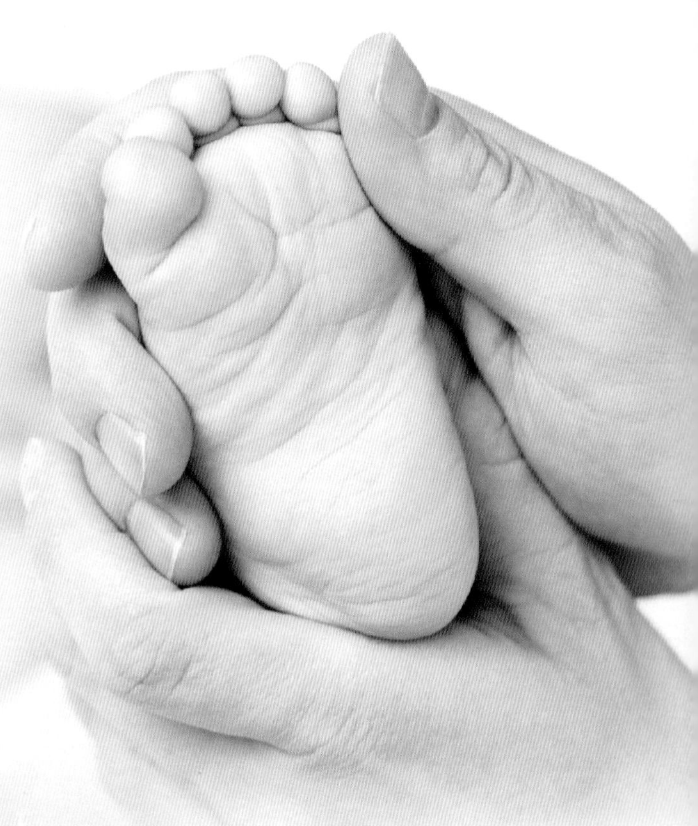

◎第四节：伸屈踝关节

握住宝宝脚踝和前脚掌。“一、二、三、四”，妈妈左手握住宝宝的左脚踝，右手握着左脚前掌，以踝关节为轴心向外旋转4次；“五、六、七、八”，继续以左踝关节为轴心向内旋转4次；“二、二、三、四”，妈妈右手握住宝宝的右脚踝，左手握着右脚前掌，以踝关节为轴心向外旋转4次；“五、六、七、八”，继续以右踝关节为轴心向内旋转4次。

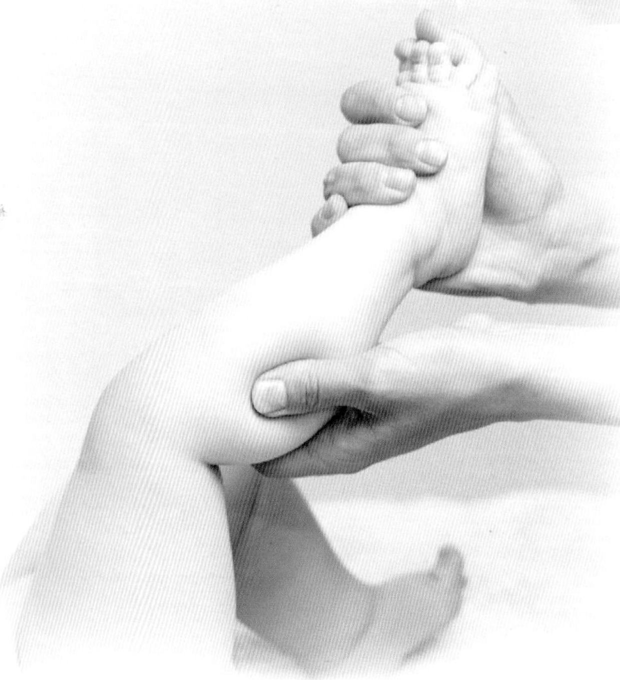

◎第五节：屈腿及旋转运动

握住宝宝踝关节的上方。“一、二”，屈伸宝宝的左腿关节；“三、四”，屈伸宝宝的右腿关节；“五、六”，轻揉宝宝的左脚脚趾，然后将他的左大腿由内向外旋转1圈；“七、八”，轻揉宝宝的右脚脚趾，然后将他的右大腿由内向外旋转1圈。再重复8个节拍。

◎第六节：托腰运动

宝宝仰卧在床上，右手托住他的腰部，左手轻按宝宝的脚踝。“一、二”，轻轻抓揉宝宝的腰部；“三、四”，托起宝宝的腰部，使其腹部呈拱桥形；“五、六”，将宝宝轻轻放下；“七、八”，轻轻抓揉宝宝腰部。再重复8个节拍。

◎第七节：翻身、抬头运动

宝宝仰卧在床上，一手平放在他的胸部，另一只手垫在宝宝的背部。“一、二”，将宝宝从仰卧变为侧卧；“三、四”，将宝宝从侧卧变为俯卧；“五、六”，妈妈将左手在宝宝胸部下方，右手轻轻抚摩他的背部；“七、八”，托起宝宝的胸部，使其头逐渐向上抬起。再重复8个节拍。

经验★之谈 抚摩或按摩宝宝时应注意以下几点：

1.每次以15分钟为宜。最好在宝宝沐浴后进行，房间需保持温暖。

2.在宝宝疲劳、饥饿或烦躁时不适宜抚摩。

3.双手指甲应修平，不戴首饰。抚摩前需温暖双手，可以使用润肤液。

如何锻炼宝宝的视觉能力

宝宝的视力还没有发育完全，可以用一些简单的游戏来拓展宝宝的视觉技能。当然最简单的就是利用宝宝对人脸特别感兴趣的特点，可以和宝宝面对面或利用镜子让他注意自己脸的变化来吸引他。

把脸靠近宝宝，对他微笑。慢慢左右移动脸，让宝宝的目光有意识地跟随移动。事实上，研究表明宝宝比成人辨认和记忆脸孔的能力更强。

◎画线条还可以用笔一边画一些竖形条纹、斜形条纹、棋盘状、地图状等图形给宝宝看，一边和他说话缓解疲劳，使这种视力分辨与视力记忆训练成为快乐的活动。

◎呼唤乳名和宝宝面对面，等他看清爸爸妈妈的脸后，可以一边喊着宝宝的乳名，一边移动脸，宝宝会随着脸和声音移动，这样可以促进宝宝视听识别和记忆的健康发展，宝宝对看人脸比看物更有兴趣。

如何训练宝宝的认知能力

这一阶段，宝宝的视力不是很好，所以对宝宝的认知训练还是通过看一些近距离的物体来进行的。

◎在婴儿床的上方，挂一些能动的物体，如彩色的娃娃、气球等。最好是红色、绿色或能发出响声的玩具，触动这些玩具，能引起宝宝的兴趣，使他的视力集中到这些玩具上，每次几分钟，并记得定期更换。

◎黑白图形对宝宝很有刺激性。在床栏挂上爸爸妈妈自画的黑白脸形，大小与人脸差不多即可，让宝宝在醒着时观看，记录一下宝宝观看的时间。新的图形会让宝宝注视7～13秒钟。当宝宝看熟了一幅图后，注视时间会缩短到3～4秒钟，这时就应该换另一幅图了。

如何训练宝宝的社交能力

虽然宝宝更多时间在睡觉，但是他一样喜欢关注。“说话”是宝宝与人交流的工具之一，虽然此时的宝宝还不会说单字，但是爸爸妈妈会发现宝宝发出“咯咯”、“咕咕”的声音，这是他想要进行交流的早期尝试。给宝宝的回应越多，就越能鼓励宝宝和爸爸妈妈“交谈”。爸爸妈妈可以通过模仿宝宝的声音，或者制造新的声音吸引他，他也很喜欢模仿学习的。

经验★之谈

如果在宝宝的床头悬挂了图片或者玩具，注意隔段时间一定要换个位置，避免造成宝宝眼睛斜视。

宝宝能不能竖着抱

有些长辈说宝宝不能竖着抱，骨头还没有长硬，以后会落下病根儿。但现在的宝宝又喜欢竖着抱，这样就为难爸爸妈妈了。其实因为竖着抱时，宝宝的视野开阔，所以宝宝喜欢竖着抱，但是在宝宝头还不能直立之前，每天竖抱的时间不要过长，每次5～10分钟即可，而且一定要托住宝宝的头和颈部。妈妈抱宝宝时，最好不要戴首饰，如手链、手表或胸针等装饰物，避免刮伤宝宝。

经验★之谈

由于宝宝还太小，妈妈抱宝宝时会担心宝宝从手里滑出来。同时还担心抱宝宝的姿势不对，伤到宝宝。那么什么样的抱姿才是正确的呢？

给妈妈介绍几种常用的抱法：

1.手托法。妈妈把宝宝从床上抱起或放下时，妈妈用左手和上臂托着宝宝的头、颈部，右手和上臂托住他的臀部和腰。

2.怀抱法。妈妈给宝宝哺乳时，可以将宝宝的头放在左臂弯里，肘部护着宝宝的头，左腕和左手护背和腰部，右小臂从宝宝身上伸过护着宝宝。

3.肩靠法。妈妈将宝宝抱起时，先用右手和腕部将宝宝的头部和颈部靠着妈妈的肩膀，这种抱法特别适合宝宝刚吃完奶，用右手轻拍宝宝后背打嗝儿排胃里的空气。

4.半坐法。适合头还不能直立的宝宝，宝宝背靠在妈妈胸前，妈妈左手和前臂托着宝宝臀部，右手和前臂托着宝宝的颈部和胸部，宝宝呈坐姿靠在妈妈胸前。

宝宝的智能

1～2个月

宝宝的感官和心智发育

在1～2个月，宝宝的感官和心智发育都突飞猛进。

◎宝宝过了30天，他的眼睛稍微能看见东西了，能够模糊地注视着周围的环境，表情也变得丰富了。

◎宝宝的感官逐渐变得协调，他会有意地转向有趣的声音来源，并且能够轻易地追踪移动的物体，开始是左右方向，然后进展到上下方向。

◎让爸爸妈妈最惊喜的是宝宝开始“说话”了，爸爸妈妈和他说话时，他的嘴巴也会一开一合地牙牙学语，他的头也会不停地动，这时一定要回应宝宝，和他亲切“交谈”。

◎宝宝会把放在手中的玩具紧紧握住，尝试着放到嘴里，有时可能会打在脸上。一旦放到嘴里，就会像吮吸乳头那样吮吸玩具，而不是啃玩具。

◎物品的记忆持续增强，能够将某些事件和特定的结果关联起来，比如，当宝宝看到妈妈拿着奶瓶，会非常兴奋，这是因为他把奶瓶和喂奶联系在一起。

◎宝宝的耳朵开始敏感了，对声音很感兴趣。比如歌曲、自然音乐、雷声、雨声、风铃声、小动物叫声等。

宝宝社交能力方面的发育

在1～2个月，宝宝已经从一个初生的婴儿，慢慢地进入了这个社会。爸爸妈妈必须了解宝宝的社交能力方面的一些发展情况。

◎宝宝看到爸爸妈妈会感到兴奋，现在多数宝宝已能区别爸爸妈妈和其他人，当其他人抱宝宝时，他可能不会有特殊的表达，但当他看见妈妈时，会特别的兴奋，脸上会立刻绽露出笑容，还会手脚一齐挥动，这也是对妈妈的一种特殊记忆。

◎宝宝的笑容越来越多，现在的笑容已经不再是无意识状态，而更有社会性了。

带宝宝到室外做空气浴

妈妈要有意识地给宝宝做室外空气浴。每天抱宝宝出去1次，让宝宝吸入外界空气。在背阴的地方气温在18℃～20℃以上时，把宝宝抱到户外，可以停留2～3分钟，每天总计要达到30分钟以上。在阳光充足的地方应该给宝宝戴上帽子，以防止宝宝受到阳光的直接照射。

还可以利用换尿布的机会做室内空气浴。宝宝吃奶后1小时左右，如果情绪很好时可以做简单的屈曲膝关节，伸屈腿部的运动，一边唱歌一边做。不要勉强地去拉膝关节，以防髋关节脱臼，宝宝也可以体验到锻炼的乐趣。

给宝宝做按摩

在育儿过程中最容易发生的问题就是由于爸爸妈妈过于繁忙，没时间陪宝宝玩耍，常常使宝宝长时间仰卧在床上，那么宝宝就会由于运动不足而导致发育不良。为了防止出现这种情况，应当积极地给宝宝做被动操。说是做操，其实还是以按摩为主。本月还是要继续我们上个月的抚触按摩。在做按摩时，应当以自身愉快和饱满的情绪感染宝宝，激发宝宝的积极情绪，以便顺利地完成按摩动作。在按摩的过程中，可以不断地和宝宝说话。

经验★之谈

给宝宝按摩时应该用专用的床单，结束后，如果宝宝出汗了，要仔细给他擦拭干净。抚摩会使宝宝的呼吸和脉搏加快，一般来说，恢复常态大约需要两分钟。如果2两分钟以后还不能恢复常态，就说明运动量过大，每节的次数应减半，以后逐渐增加次数。随着宝宝月龄的增长，完成抚触的时间由3～4分钟渐渐增加到8分钟左右。

如何训练宝宝的认知能力

1～2个月的宝宝视力发展得很快，已经可以看清周围的一切，所以可以进行一些的认知训练。

◎视觉训练

继续按1个月时那样训练，当宝宝的视力集中在某人或某物上时，缓慢移动让他追视。宝宝已经能够表示出自己的喜好。当看到喜欢的图画时会笑，看个不停，挥动双手想去摸；看到不熟悉的图画时，会因为新奇而长久注视，爸爸妈妈可以将宝宝的这些偏爱记录下来，作为日后进一步训练的参考。

◎听觉训练

将各种发声玩具，如橡皮捏响玩具、八音盒、动物琴、拨浪鼓等，在宝宝的视线范围内弄响给他听，缓慢、清晰、反复地告诉他名称，等宝宝注意到玩具上，再慢慢移开，让他追寻声源。爸爸妈妈还可以放一些胎教音乐和儿歌给宝宝听，看看他的表情是安详、不哭闹，或者笑、手舞足蹈，还是表现出兴奋，并将这些记录下来。注意视听训练的声响不能太强、太刺耳，要柔和，否则形成噪声，反而影响听觉系统的发育，甚至造成宝宝日后拒听。

◎嗅、味觉训练

宝宝对香味、酸味等相当敏感，可以拿醋瓶盖让宝宝闻一闻，看看他的反应；还可以抱宝宝到餐桌旁看家人吃饭，闻闻饭菜香味。这些看来很简单的事情，对宝宝日后的心理行为的健康发展和人格的健全是不可缺少的“感知觉”教育内容。

如何训练宝宝颈部和抬头

每天练习竖抱宝宝，两手分别撑住宝宝的枕后、颈部、腰部、臀部、以免伤及宝宝的脊椎。

由于宝宝还小，每天练习竖抱的时间不宜过长。竖抱可以增加他的视野，刺激他的视觉发育。当宝宝趴着的时候，妈妈可以拿一个发响或者是发条玩具吸引宝宝抬头。这样的训练也可以通过后面讲到的游戏来完成。

妈妈和宝宝一起去做体检

宝宝出生30天后，妈妈和宝宝需要去医院进行产后与发育检查。一般来讲，宝宝要做的检查包括体重、身长、头围、胸围的测量，以及宝宝智能发育的评价。妈妈的检查主要是询问坐月子的情况，检查产后恢复情况等。

体重是判定宝宝体格发育和营养状况的一项重要指标。测量体重时宝宝最好空腹并排去排泄物，测得的数据应减去宝宝所穿衣物及尿布的重量。爸爸妈妈不仅要关注宝宝体重是否达到参考标准，还应该注意宝宝体重的增长速度。

身高是宝宝骨骼发育的一个主要指标。身高受很多因素影响，例如遗传、内分泌、营养、疾病及体育锻炼等。所以，一定要保证宝宝营养全面、均衡，睡眠充足，并且每天要保持一定的活动量。

头围能够反应宝宝的脑发育情况、脑容量大小，也是宝宝体格发育的一项重要指标。宝宝的头围发育有正常范围的，长得过快或过慢都是不正常的。

家长能不能带宝宝出远门

很多情况都可能会带宝宝出远门，有时是旅行，有时是走亲戚等。现在的飞机、火车的配套设施都比较完善，只有带足宝宝需要的东西，基本没有什么问题。但要注意如果是驾驶汽车带宝宝远行时，不能让妈妈抱着宝宝坐在副驾驶上，这样非常危险，当发生事故时，宝宝就成了妈妈的“安全气囊”。所以最好使用安全的婴儿汽车座椅。宝宝睡觉时也要用安全带固定好。在车中，用冷气或者暖风时，要常常停车换气。另外，必须做到不在车内吸烟。把宝宝放在车中，爸爸妈妈到路边餐馆用餐是绝对不可以的，因为空调停止或加热器过热，经常会使宝宝中暑。

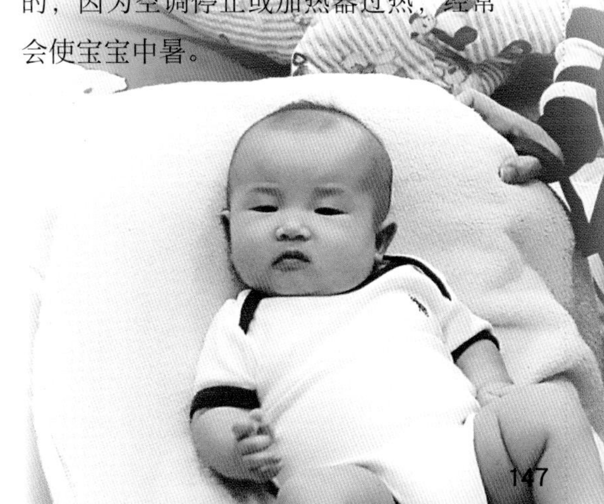

宝宝的智能

2~3个月

宝宝的感官和心智发育

中国俗话说：“三翻六坐，七滚八爬。”3个月对于宝宝来说是一次质的飞跃。

◎宝宝的视力已经发展到能看清一米以内的事物。能吸引宝宝的不再是黑白色块和那些双色的物体，宝宝更喜欢那些复杂的、有更多细节的图案、色彩和形状。会以眼睛和转动自己的头来跟随缓慢移动的物品。但是他仍然非常喜欢看人脸。

◎宝宝的听力变得更加敏锐，他能够分辨出他所熟悉的人说话的声音了。他会从很多人的谈话中听出来妈妈的声音。

如果宝宝进食时听到了熟悉的声音，他会停下来更仔细地听。有的宝宝可能会“咯咯”笑出声来。注意观察一下，当他听到声音后，会四处寻找声音发出的地方。

◎现在，爸爸妈妈可能会听到宝宝发出各种不同的声音，尖叫、咕噜、咯咯的笑声。当爸爸妈妈对宝宝说话，宝宝也会牙牙学语时。这咿咿呀呀的声音，正是语言学习的开始，宝宝发音越多，说明他的情绪越好。

◎宝宝的嗅觉在2～3个月也有了很大的进步，会有意回避难闻的气味。

◎2～3个月的宝宝已经具备了高度感，如果突然放低他，他会吓一跳。

◎宝宝会用手摸自己的脸、眼睛和嘴巴，探索五官。

◎宝宝开始出现短暂记忆，当拿一个玩具给他玩时，他在短时间内再次看到时会非常高兴。

◎宝宝会经常注视自己的小手。

宝宝的社交能力方面的发育

2～3个月的宝宝，爸爸妈妈需要了解宝宝的社交能力方面的一些发展情况。

◎宝宝笑容增多了，并且是自发性地“咯咯”笑。

◎宝宝喜欢看人脸胜过看东西，对爸爸或妈妈的出现会做出不同的反应。

◎宝宝会发出“咯咯”声和咕噜声来分别对应他想表达的不同意思。

◎宝宝哭泣的次数和时间减少了。

进行听觉训练

听觉能力的训练对宝宝的语言能力和注意力的发展都有重要的作用。听觉能力不单单是指听见，更重要的是分辨声音和对声音的捕捉和追逐能力。爸爸妈妈可以利用身边的物体为宝宝制造各种声音，摇摇铃铛、敲敲小碗、挤捏塑料玩具发出的声音，都会让宝宝既新奇又兴奋，还能培养他对声音的辨别力。

多和宝宝说话，尽管现在这种交流还只是单向的，但能帮助他培养方位感。爸爸妈妈说话的时候，宝宝也许会着迷地看着爸爸妈妈的嘴，琢磨声音是怎么发出来的。

训练宝宝的手部精细动作

如果宝宝对他新发现的手指有点兴趣，爸爸妈妈也不用担心，这种自我安慰的方式会让宝宝感到非常安心。虽然宝宝还不会主动抓东西，不过妈妈可以把玩具放进宝宝的手里，让宝宝自己抓。手部的精细动作对宝宝的智能发展很重要。

进行视觉训练

虽然宝宝的视力还有限，但已经能很好地注视物体了，所以他很喜欢用眼睛追踪颜色鲜艳的物体。看观赏鱼是一个非常好的方式，宝宝对这些颜色鲜艳的移动的鱼特别感兴趣，这既能满足他的好奇心，也可以锻炼他的追视能力。利用移动的光影或物体也可以锻炼宝宝的追视能力。随着宝宝月龄增加，爸爸妈妈会注意到他更喜欢新鲜的事物，经常带宝宝回归大自然，是锻炼宝宝视力的好方法，摇动的树枝和树叶，五颜六色的花朵，各种动物他都会感兴趣的。

如何训练宝宝的认知能力

2～3个月的宝宝，各项能力都发展得非常快，应该进一步进行一些认知训练。

◎亲近妈妈

当妈妈走来时，宝宝会表现出快乐和急于亲近的表情，有时还会呼叫，手舞足蹈。只有经常和宝宝逗乐的妈妈才能引起宝宝这种亲切的激情。亲近妈妈是宝宝到3个月时出现的情感，到6～7个月时就越来越明显，以致拒绝陌生人到“怯生”的程度。

◎解决问题能力训练

用松紧带在床栏上吊响铃，另一头拴在宝宝的任意一个手腕上。爸爸妈妈先动松紧带使响铃发出声音，开始宝宝会全身使劲摇动松紧带使响铃发出响声，以后他就学会只动一个手腕就将铃摇响。过1～2天，松紧带可拴在宝宝任意一只脚踝上，宝宝经过多次尝试也能让一个脚踝动就能使铃发出声响，可见宝宝已能总结经验解决问题。但要注意，当爸爸妈妈离开婴儿床时，一定要解开拴住的松紧带，以免宝宝在活动时将松紧带缠住肢体而阻碍血液循环。

◎物体认知训练

继续让宝宝醒着时多看周围的人和物，并用两个物体来训练，让宝宝的视线从一个物体转移到另一个物体上。例如，妈妈在床右侧同宝宝讲话，爸爸突然出现在床左侧并且鼓掌，宝宝会马上将视线转移去看爸爸。也可用滚动的球从桌子一侧滚动到另一侧抱着宝宝观看，这时宝宝可以追视达180°。另外经常让宝宝到户外观察活动的物体，扩大认知能力。

经验★之谈 宝宝出生后的最初3个月因为需要保暖，衣服会穿得比较多，但从现在开始，应该渐渐穿得和成人差不多了，这有助于宝宝的活动。

如何训练宝宝翻身

宝宝到现在已经可以稳稳地抬头了。随着宝宝大动作能力的发展，他的肌肉力量和对身体的控制力逐渐增强，下一步他就要开始翻身了。爸爸妈妈可以先让宝宝侧卧，然后用他最喜欢的玩具晃动着，引导他从侧卧转向仰卧，这是他能比较容易做到的动作。接下来再是从趴着转成仰卧。而从仰卧翻身到俯卧则要求宝宝具备更强的颈部和臂部肌肉，不过也有宝宝是先学会这个动作的。在训练时爸爸妈妈都要时刻注意宝宝的安全，保证他的足够的空间自由翻滚，以免发生意外。

如何让宝宝俯卧

多数宝宝在3个月的时候，头就能立得很稳了，俯卧时会摆出要爬的姿势，头抬起来看着前方。到了这种程度时，可以让宝宝每天俯卧4～5分钟。

经验★之谈 妈妈总认为应该给宝宝多穿点衣服。其实宝宝跟爸爸妈妈穿得差不多即可。中国有句古谚："要叫小儿安，七分饱来三分寒。"对于这个时期的宝宝来说，穿得太厚不利于宝宝活动，而且活动起来容易出汗，运动停下来时也就容易着凉。

继续进行空气浴

3个月的宝宝，每天应到室外活动1个小时。

天气好时，可以让宝宝仰卧在婴儿车里把他推到室外，但最好还是抱着宝宝散步，因为抱着时会挺直身体，转动脑袋可以左右观看，所以宝宝会对外面的世界感到既新鲜又好奇。

如果在寒冷的季节，只要不刮大风，在充分保护好宝宝的手脚和耳朵的前提下，可以选择下午3～4点钟较暖和的时候，到室外进行30分钟左右的空气浴，呼吸冷空气可以锻炼气管黏膜。

进行阅读启蒙

2～3个月的宝宝，可以进行阅读启蒙了。阅读有助于培养宝宝的语言能力。爸爸妈妈可以给宝宝读故事，朗读时不断变换音调的高低，尝试不同的语调，或用唱歌和其他的表达方式，这样会使宝宝觉得丰富有趣。

爸爸妈妈可以给宝宝朗读一些儿歌、童话故事，也可以给宝宝朗读报纸、小说或杂志。不管是莎士比亚、唐诗宋词，还是最新的畅销书，只要爸爸妈妈喜欢，就朗读出来，宝宝会喜欢听爸爸妈妈声音中的节奏和韵律。

如果爸爸妈妈的朗读还没有结束，而宝宝的注意力已经转移了，或者他明显地表现出没有兴趣了，爸爸可以试着换个让宝宝更感兴趣的活动，或者干脆让他休息一会儿，学会随宝宝的反应来调整爸爸妈妈的方法。

带宝宝认识小朋友

宝宝在2～3个月有了社交的欲望，当宝宝看到其他小朋友时，会表现出一种兴奋感。多带宝宝看看其他的小朋友，并代宝宝跟其他小朋友打招呼："你好！我叫……"他会愿意与其他宝宝和成人交朋友。可以请他们到家里来，和宝宝一起玩。否则，再过一段时间，宝宝会开始"认生"，到那时，介绍新的人给他认识会变得十分困难。

宝宝的性格各有不同，有的宝宝比较容易接受新面孔，有的则困难一些。如果宝宝不愿向陌生人张开双臂，爸爸妈妈要耐心一点，试着把他抱得更紧些，然后再跟其他人打招呼，当然这可能需要一些时间。

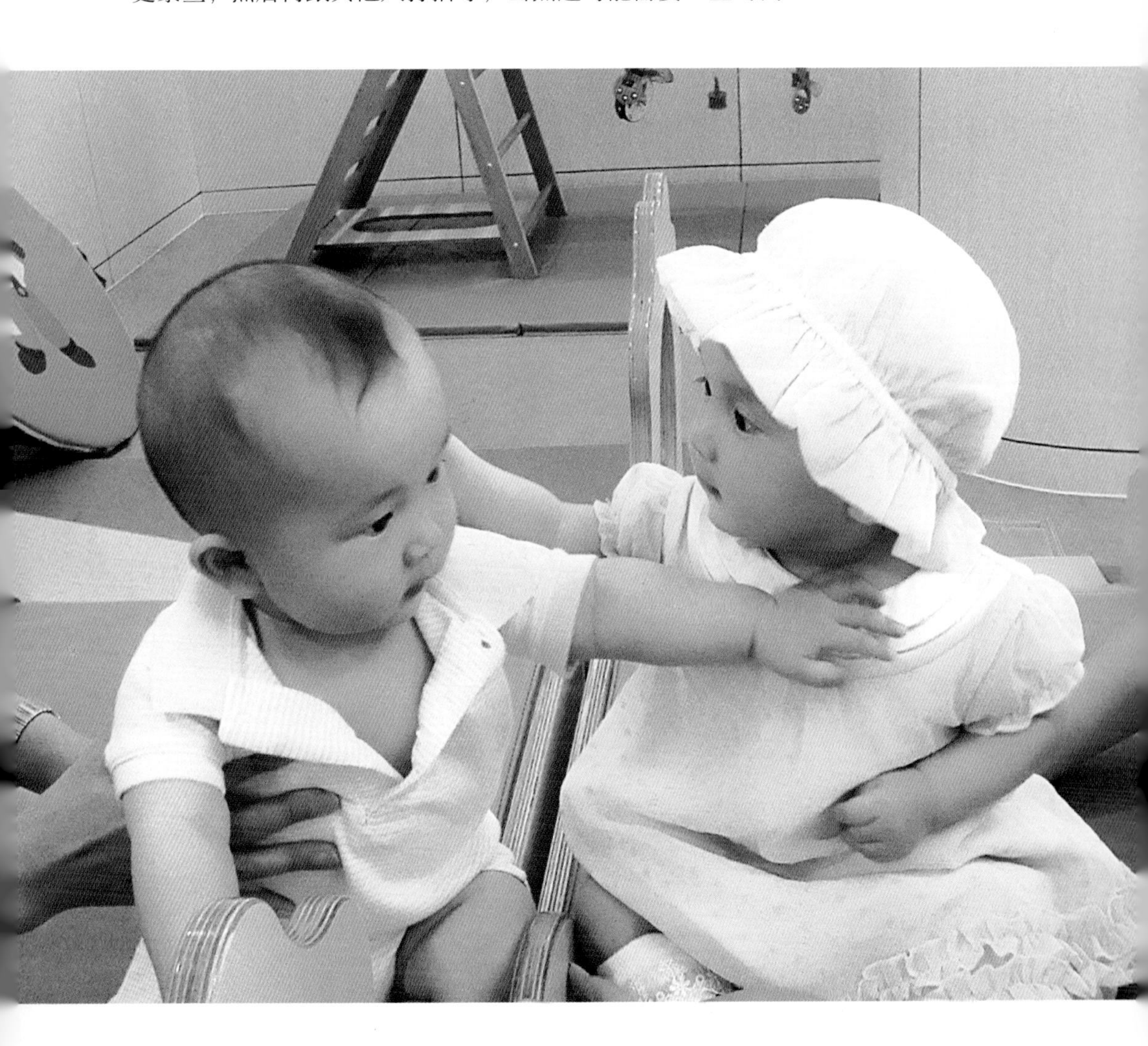

宝宝的智能

3~4个月

宝宝的感官和心智发育

4个月的宝宝发展得比较快，虽然只多了一个月龄，但成长则十分明显。

◎宝宝的视野范围由原来的45°扩大到180°，他的视力也有了很大的提高，已经会将目光集中在不同距离的物品。宝宝的视线不仅会跟随移动的物体，也能够跟随垂直或绕圈移动的物体。

◎宝宝更善于寻找声音的来源了，他可以非常灵活地将头转向任何一边。对自己的声音也很感兴趣，可发出一些单音节，而且不停地重复，也能发出高声调的喊叫或发出好听的声音。

◎宝宝在语言发育和感情交流上进步较快。能够发出的声音更多了。高兴时，会大声笑，笑声清脆悦耳。当有人与他讲话时，他会发出“咯咯、咕咕”的声音，好像在与人对话。宝宝很喜欢和爸爸妈妈咿咿呀呀地“说话”。

◎宝宝心情愉快的时候多了。宝宝随时在学习新的东西，当他感到兴奋时，可能就会激烈地摆动四肢来表现他的快乐。

宝宝的社交能力方面的发育

在这个月，我们应该了解宝宝的社交能力方面的一些发展情况。

◎当熟悉的人靠近宝宝时，会引起宝宝的注意。

◎不再那么“黏人”，可能会比较喜欢某个玩具。

◎听到音乐可能会安静下来。

◎宝宝表达情绪的方式更加清晰了，他会用打哈欠、揉眼睛或表情来拒绝和爸爸妈妈玩或显得焦躁不安，让爸爸妈妈知道他有些累了。

给宝宝做被动操

到4个月可以给宝宝做有难度的被动操了，这不仅是促进宝宝全身发育的好方法，还是一个很好的亲子游戏项目。每天坚持给宝宝做被动操进行体能锻炼，不但可以促进他的体格发育，还能促进神经系统的发育。根据月龄和体质，循序渐进，每天可做1～2次，在睡醒或洗完澡时，宝宝心情愉快的状态下进行。操作时动作要轻柔而有节律，并配上音乐。

◎额头——双手固定宝宝的头，两拇指腹由眉心部位向两侧推依次向上滑动，止于前额发际处。

◎下颌部——两手拇指由下颏中央分别向外上方滑动，止于耳前。并用拇指在宝宝上唇画一个笑容。

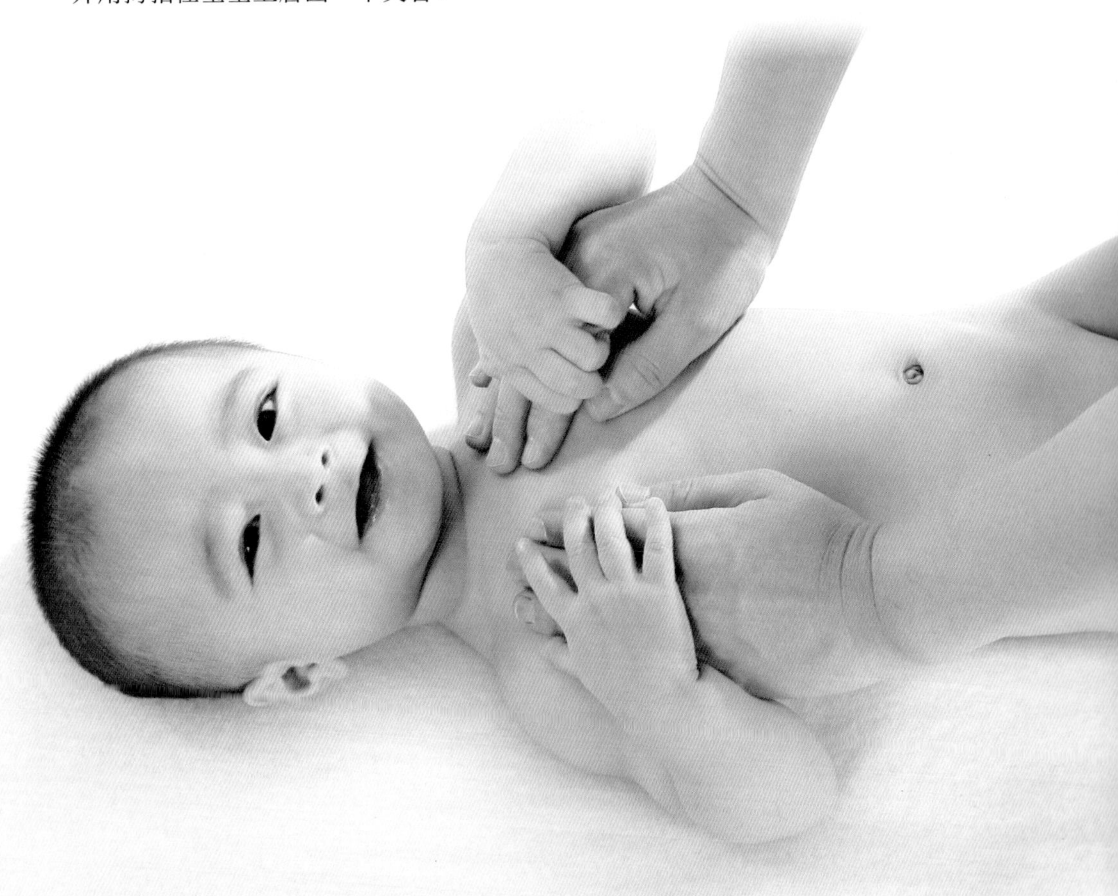

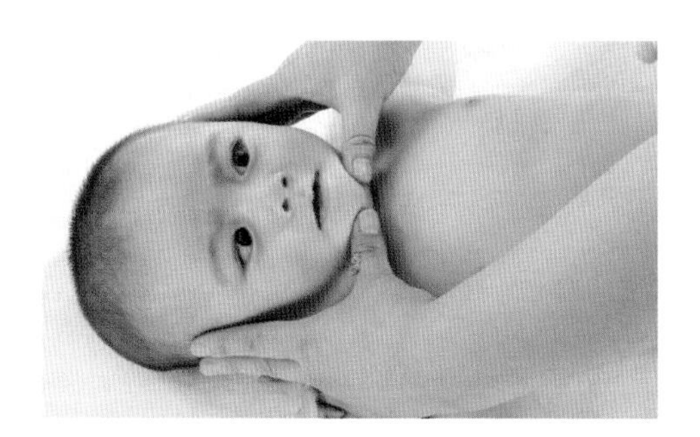

经验★之谈 在给宝宝做辅助按摩的时候，一定要在宝宝心情愉悦的情况下，如果在给宝宝做辅助按摩的时候表示不愿意，这时，爸爸妈妈就要尊重宝宝的意愿。

◎妈妈将手放在宝宝的胸廓右缘，左手食指、中指指腹由右胸廓外下方经胸前向对侧锁骨中点滑动抚触。

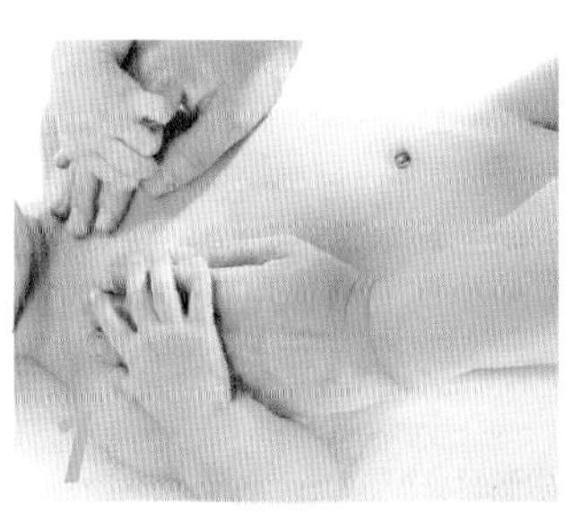
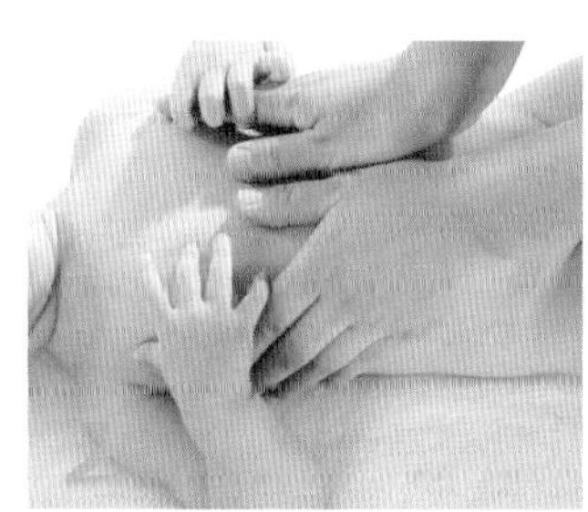

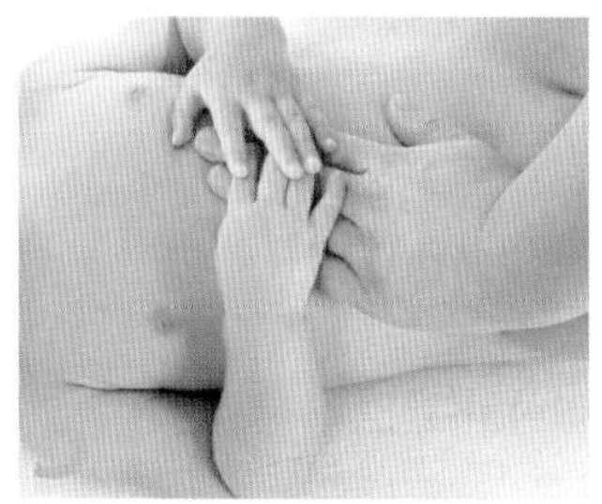
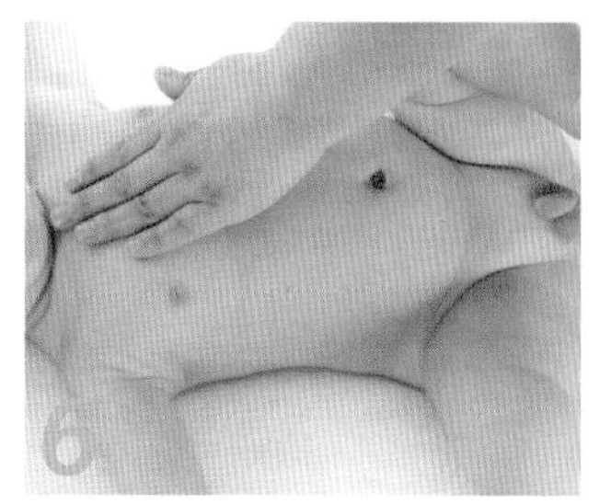

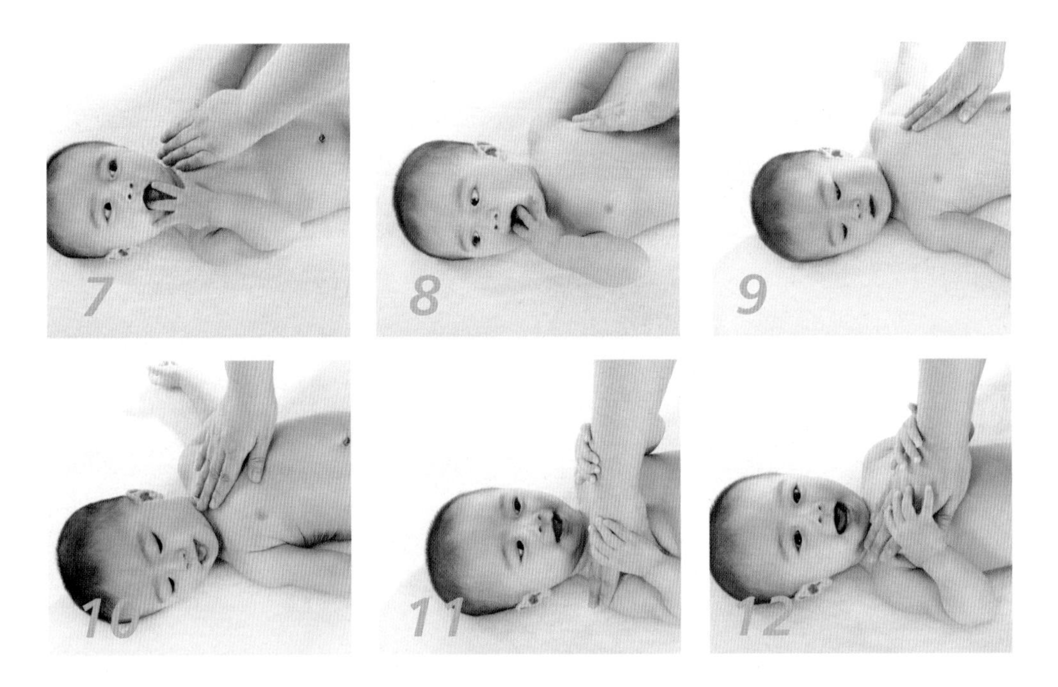

◎腹部抚触可以增强肠激素的分泌，让迷走神经活动更旺盛，有助于增加宝宝食量，促进消化吸收和排泄，加快体重增长。

左手固定宝宝的右侧髋骨，右手食指、中指指腹沿升降结肠做“∩”形顺时针方向的抚触，避开新生儿脐部。右手抚在髋关节处，用左手沿升降结肠做“∩”形抚触。

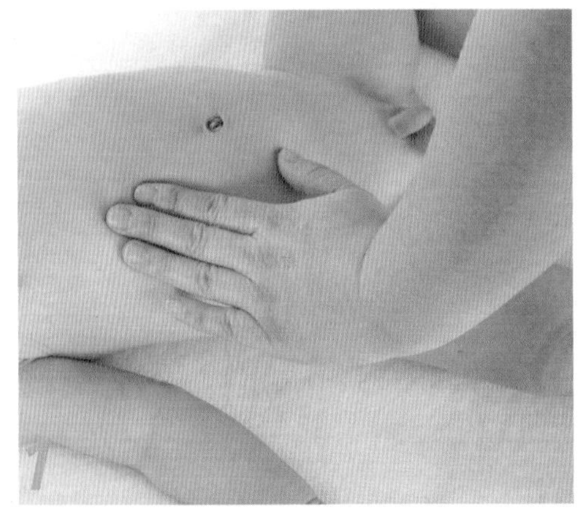

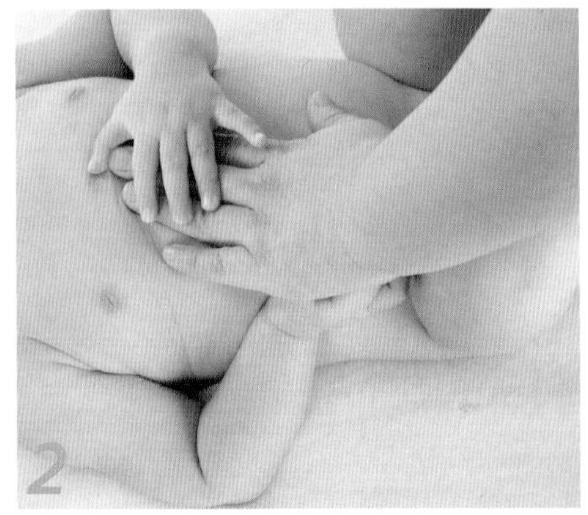

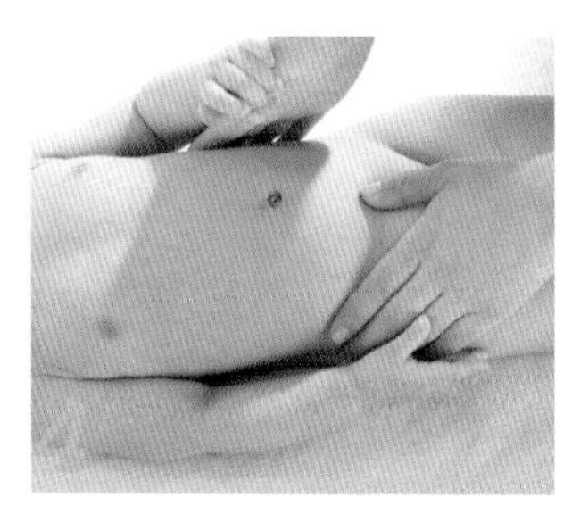
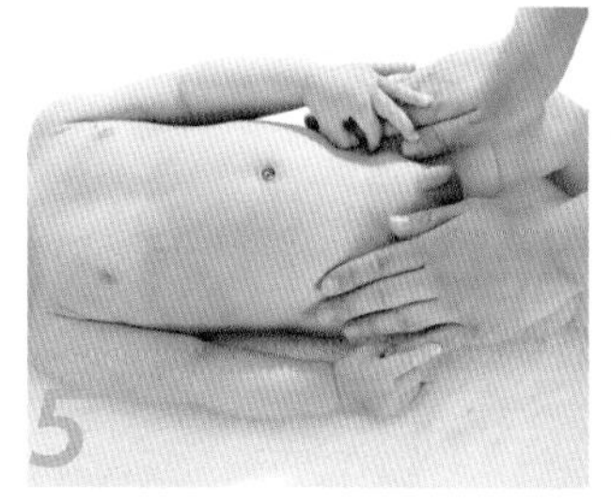

◎右手抚在髋关节处，用左手沿升降结肠做“∩”形抚触。

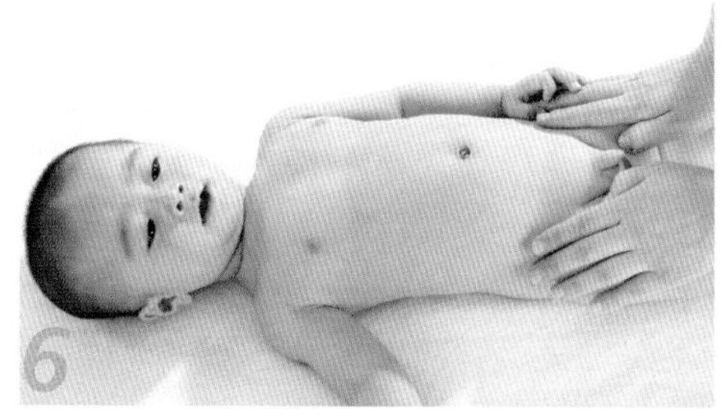
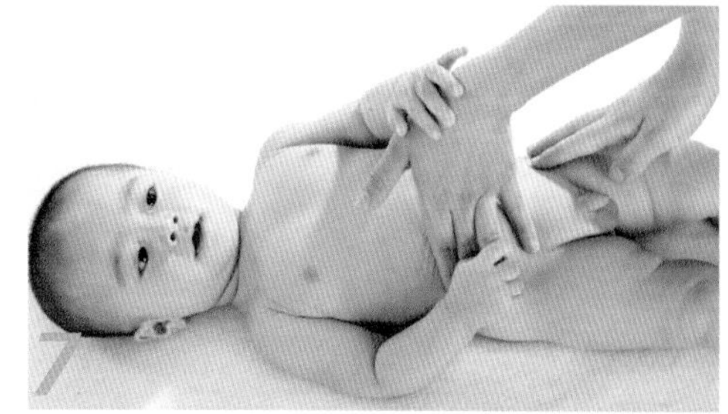
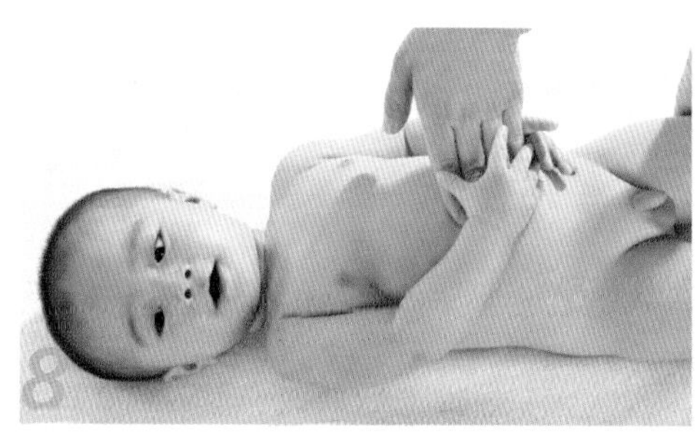
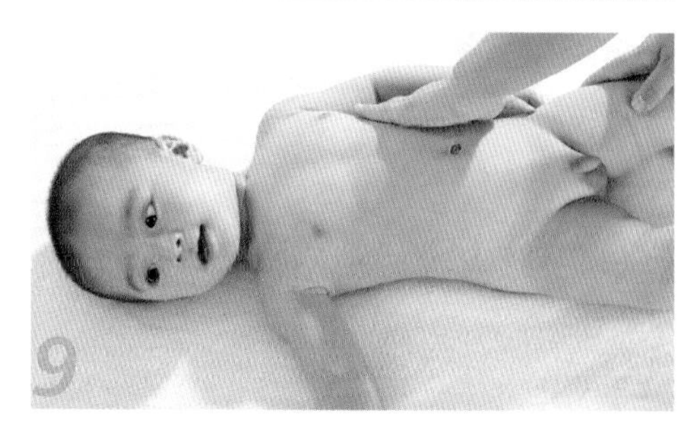

◎用左手在宝宝左腹由上向下画一个英文字母“I”，由左至右，画一个倒的“L”（LOVE），由左向右画一个倒写的“U”（YOU）。

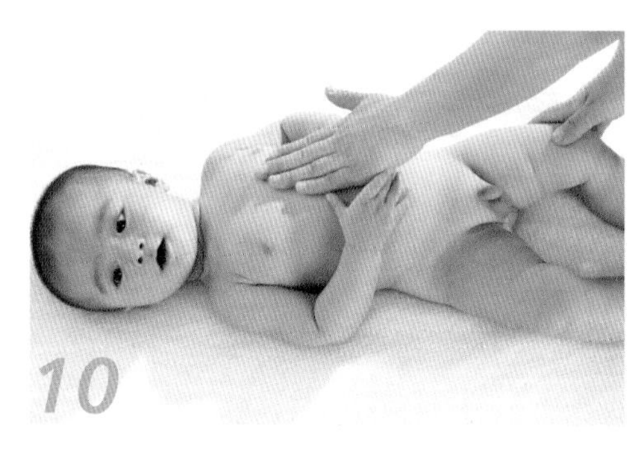
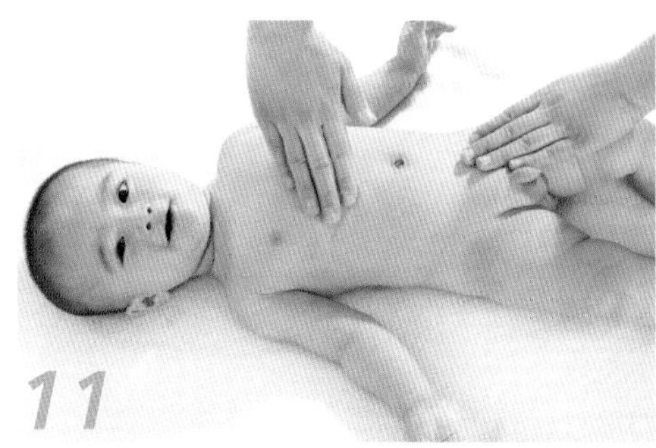

◎上肢：用右手握住宝宝右手，虎口向外，左手从近端向远端螺旋滑行达腕部。反方向动作，左手拉住宝宝左手，右手螺旋滑行达腕部。

经验★之谈 在给宝宝做被动操时要注意以下几点：

1.要注意手的力度，开始时尽量轻一些，以后逐渐增加力度。

2.每一次可选择几节来做，不要勉强宝宝一次做得过多。

3.在做被动操的过程中一旦宝宝表示出不情愿，就应该马上停止。

4.宝宝被动操一般在3～4个月就可以做了，后面月龄中也会涉及，为避免重复，请参阅此节内容。

进行早期语言训练

当爸爸妈妈带着宝宝散步时，给他描述一下爸爸妈妈周围的环境；当爸爸妈妈带宝宝逛超市时，利用穿梭在货架之间的机会，指给他看货架上的各种物品，并告诉他物品的名称和用途。宝宝会把这些信息统统存储在他飞速发展的记忆里。爸爸妈妈应该抓住一切机会与宝宝说话，这对宝宝的智商发育非常有用。哈佛女孩刘亦婷的妈妈在书中介绍自己的早期教育时说只要宝宝醒着，就跟她说话或是小声地唱歌。可见早期的语言交流是多么的重要。

如何培养宝宝的认知能力

自然科学是一切科学的基础，所以爸爸妈妈在宝宝小的时候就应该有意识地培养宝宝的认知能力。

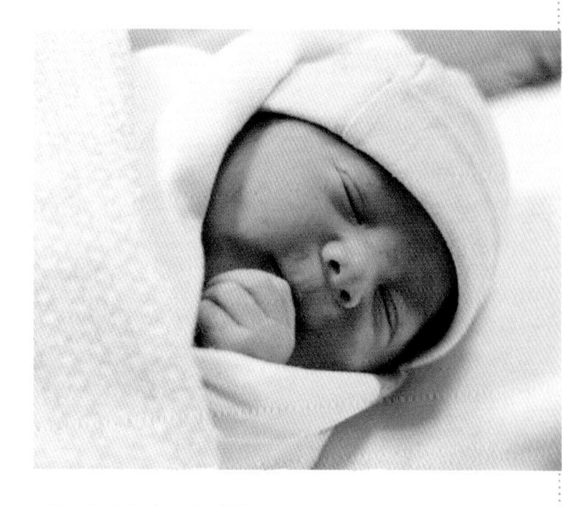

◎寻找目标

妈妈抱宝宝站在灯的开关前，用手打开灯后指着灯说：“灯。”一开始宝宝会盯住妈妈的脸，不去注意灯。但多次开关灯之后，宝宝会发现随着开关，灯会一亮一灭，同时又听到“灯”的声音，渐渐形成了条件反射。认识了第一种物品，以后宝宝可以逐渐认识家中的花、门、窗、桌子等物品，以后渐渐学会用手去指向所要之物，认识自己的玩具，听到声音会用手去拿。

◎头转向声源

妈妈抱宝宝去玩，爸爸推门进来，宝宝会转头向门方向观看。爸爸站在宝宝一侧，摇动带响的玩具，宝宝会转头找到声源。

◎感知世界

让宝宝多看、多听、多摸、多嗅、多尝。玩具物品应当轻软、有声、有色，让他能摸的都摸一摸，能摇动的都摇一摇；能发声的都听一听，例如钟表声、动物叫声、风声、流水声等；结合生活起居自然地让他听音乐；让他闻闻醋的味道，锻炼他完整的感知事物的能力。

◎照镜子

同镜子中的人笑、说话，用手抚摩，把宝宝抱到镜子前，指指他的鼻子，告诉他“鼻子”，让宝宝认识自己的五官和身体的部位，宝宝会很感兴趣。

缓解分离焦虑训练

随着宝宝长大，逐渐会出现分离焦虑，现在可以通过一些游戏让他明白物体永恒的道理。例如传统的躲猫猫的游戏，以及藏玩具的游戏。

刚开始对事物因果关系有所理解的宝宝总会很高兴地看到有什么东西突然出现在眼前。如果意外看到妈妈的脸，会让宝宝“咯咯”笑个没完，被遮挡的玩具又出现了，他也很开心。

这些游戏可以帮助宝宝理解物体是永恒的，看不见的东西也是存在的。这样有助于未来帮他缓解分离焦虑，让他明白妈妈离开后是会回来的。

和宝宝开始互动

宝宝开始对他周围的世界有了自己的“结论”，他用好奇的眼光观察着每样东西。如果宝宝正在嘬手指或喝奶，当他听到声音时，可能会停下来。妈妈应当与他“喔喔、啊啊”地说说话，对着他发出不同的声音，向他描述一下哪怕是最平常的家务琐事。妈妈不仅在和宝宝建立情感联系，同时，也在鼓励他进行自我表达。

当妈妈和朋友在一起时，可以把宝宝带在身边，这样，他就可以听到人们之间的丰富交流。他还会喜欢观察其他小宝宝、蹒跚学步的宝宝和宠物可爱的举动。但是要注意宝宝的安全，因为不管是自己的宝宝，还是其他小朋友，也包括小宠物都还不懂得怎样“安全”地交往。

对宝宝进行手的抓握训练

现在，宝宝够得到的任何东西都被看做他的玩具。他正在练习抓握的技巧，所以，为宝宝多准备一些有趣的东西，比如轻巧的、容易抓握的摇铃，可以用两只手抓握的塑料圈，一捏就会叫的玩具，柔软的毛绒玩具都可以。

多给宝宝机会去捉拿物体，这样可以有效地刺激大脑的发育。先从容易抓住的开始，比如手绢、带柄的玩具等，慢慢增加练习机会。当宝宝的拇指从手心中解放出来时，就可以完成4指抓握了，这是手的能力发育中一个重要的阶段。

进行大动作的训练

宝宝已经可以稳稳地抬起头了，现在他开始学习如何控制和利用上半身，来为学习坐起、翻身和最终站立做准备。除了给宝宝更多的机会练习俯卧和翻身之外，也可以借助一个充气的大球做运动。这是个循序渐进的过程，应多多练习。如果宝宝翻过身了，别忘了拍拍手，冲他笑一笑，给他一些鼓励。他会需要爸爸妈妈的认可和肯定。

训练宝宝的触觉

宝宝最喜欢被抚摩的感觉。事实上，宝宝的长大离不开亲密抚摩。用各种各样的材料来培养宝宝的触觉——比如毛皮、毛毡、毛巾等。宝宝可能会把每样东西都用嘴来尝一尝，所以，爸爸妈妈要小心选择，并且不要让他一个人玩那些有可能会在他嘴里散架的东西。对宝宝来说，一阵微风拂面或一次按摩，被搂抱在妈妈的腿上，或鼻尖上的轻轻一吻，所有的这些抚摩，都是让他放松或亲近爸爸妈妈的有效方式。这种亲密接触甚至能使宝宝变得更敏捷，并且能够帮助他保持更持久的注意力。

平常还可以多做一些简单易行的按摩。所有的肌肤之亲不但能够帮助爸爸妈妈和宝宝建立亲密的纽带，而且在他心情不好时，抚摩会给他以安慰。在他易怒烦躁时，抚摩也会让他平静下来。

4～5个月

宝宝的感官和心智发育

4个月的宝宝视觉和触觉越来越协调，看到什么东西，都有去摸一摸的愿望，如果是安全的，妈妈一定要满足宝宝的要求。

◎现在宝宝能辨别红色、蓝色和黄色之间的差异了。

◎在这时，宝宝的视力范围可以达到几米远。他的眼球能上下左右移动注意一些小东西，比如桌上的小点心。

◎当宝宝看见妈妈时，眼睛会紧跟着妈妈的身影移动。

◎宝宝可以分辨一些气味了。

◎宝宝现在不仅可以注意到妈妈说话的方式，也会注意到妈妈发出的每个音节。

◎这一阶段宝宝开始慢慢明白什么是因果关系。在他踢床时，可能会感到床在摇晃，或者在他打击或摇动铃铛时，会认识到可以发出声音。

◎宝宝更会撒娇了，总爱抬起胳膊，要爸爸妈妈抱，但对于陌生人，宝宝会感到焦虑和害怕。

◎当妈妈给宝宝喂食物时，如果他不喜欢，会将妈妈的手臂推开。

宝宝的社交能力方面的发育

4～5个月的宝宝在社交能力方面进步比较大，宝宝开始有自己的一些想法。

◎宝宝玩游戏时会笑，当游戏被打断或者他被冷落时，他会哭或者对妈妈“咿咿哇哇”地大声叫。

◎宝宝知道用微笑及发出声音来引起周围人的注意。

◎宝宝开始喜欢边吃边玩，吃奶不再像以前那样专心了。

训练宝宝手眼协调

把宝宝抱近有玩具的桌旁，他会伸手去抓玩具，而且他抓了第一种后，可能还会去抓第二种，妈妈会发现宝宝的手眼协调性提升了。宝宝的小手喜欢到处去抓，而且还会放到嘴里。妈妈可能会因此而担心，不过这是宝宝发育的必经之路，他在探索和了解世界。应多给宝宝机会用手去抓、去了解新鲜事物，练习多了，他就会从嘴过渡到用手了解世界。所以多给宝宝一些这样的机会进行练习。

俯卧支撑训练

4～5个月的宝宝，俯卧时头已经能够稳稳地直立起来，此时爸爸妈妈可以站在宝宝前面1米处，手拿一个宝宝喜欢的玩具引逗宝宝，最好是能够发出声响的玩具。4～5个月的宝宝用前臂和胳膊肘支撑起头和上半身的重量，脸正视前方的玩具。起初时间可以短一些，随着宝宝前臂力量的增强，可以逐步延长时间。在进行这项训练时，可以让宝宝的胸尽量抬起来，能抬多高抬多高。每日可训练3～5次，每次时间不可持续过长。如果发现宝宝的脸扭到一侧时，说明他对前方的玩具不感兴趣，应换一个能引起他兴趣的玩具。

翻身训练

大多数宝宝在3～4个月就会翻身了，但也有的宝宝到了4～5个月初还不会翻身，所以爸爸妈妈平时应该多训练宝宝的翻身，争取早日学会翻身。练习得越早，对宝宝的身体越有利。

当宝宝学会了从仰卧到俯卧的翻身后，再从俯卧到仰卧就轻松。当宝宝学会熟练的翻身之后，也就能自由的移动自己的身体，这样也能提升宝宝坐的能力。

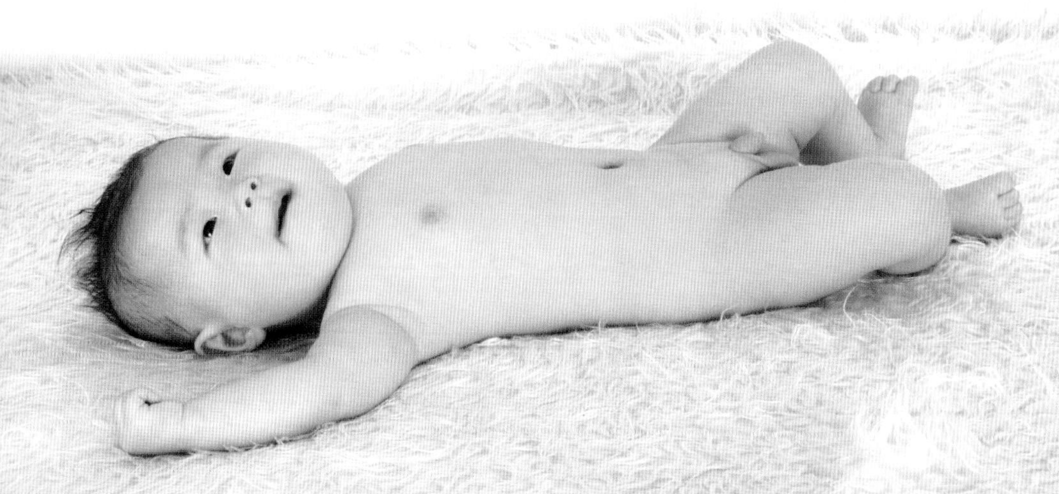

在训练宝宝翻身时，为了促进宝宝动作的灵活性，妈妈可以教宝宝做一些翻身被动操，做法如下：把宝宝放在平整的床上，让其仰卧，妈妈用一只手握住宝宝的上臂，用另一只手托住宝宝的后部，喊着“一、二、三、四，宝宝翻过来”的口令，将宝宝从仰卧推向俯卧，然后再喊着“一、二、三、四，宝宝翻过来”，又将宝宝从俯卧推向仰卧，每天练习3～5次，对于促进宝宝早日翻身有很大的帮助。

此项训练主要针对到了5个月还不会翻身的宝宝，如果宝宝这个月还不会翻身，就要及时积极地进行此项训练，在床上、桌上、铺好毯子的地板上都可以进行。

匍行训练

在宝宝4个月的时候，由于进行过俯卧支撑训练，所以5个月时已经能挺胸抬头了——可以胸部离床，用双手支撑上身。有的宝宝还会双腿离开床面，身体以腹部为支点在床上打转，当然只有个别身体强壮的宝宝会这样。

在宝宝用双手支撑起上半身时，爸爸可以在宝宝的后面用双手抵住宝宝的脚底，妈妈在宝宝的前面用色彩鲜艳的玩具引起宝宝的兴趣，这时的宝宝受到玩具的吸引，就会以足底为基点，用上肢和腹部的力量向前匍行。如此练习，每日反复数次，每次做10分钟。

训练宝宝独坐

宝宝已经可以比较顺利地自己翻身了，现在他会在有支撑的情况下逐渐练习坐起来。妈妈也可以和他玩“拉坐起”的游戏，或者在宝宝坐好并支撑好后，做划船的游戏。这能够锻炼宝宝的背部肌肉力量，为独坐打下基础。

经过一个月的训练，到月末的时候可能发现宝宝已经能够独坐了，但这时还是需要在宝宝身边放置枕头，以防他坐不稳时倒下来。但当他自己坐着的时候，妈妈也不能离开，还是需要陪伴在他的身旁，随时准备帮他一把。因为宝宝虽然已经学会了坐，但是他可能并不想一直这样直直地坐着，而想躺下。

训练宝宝分辨颜色

在此之前，宝宝已经学会区别一些鲜艳的颜色了。现在，宝宝对色彩之间的差别区分得更清楚了，他开始学习分辨柔和色彩间的细微差别了，知道橙色和黄色是不一样的颜色。经常给宝宝看关于颜色的图书，或者玩彩色的积木，是训练宝宝分辨不同颜色的好方法。在给宝宝看时，可以指着一种颜色，并重复这个颜色的名称。

训练宝宝独自玩耍

现在，宝宝可以和自己的小手、小脚丫玩上一会儿了。他很喜欢一遍又一遍地重复着同一个动作，直到他确定这个动作产生的结果。然后，他可能会稍微改变一下动作，看看结果会有什么不同。他在精神好时可以持续几分钟。

有时妈妈会突然间发现，宝宝出奇地安静，可能走过去一看，才发现原来宝宝正在小床上不亦乐乎地玩自己的小手或小脚呢！这就表明宝宝已经开始学会了自己一个人玩耍，有时爸爸妈妈也要给他们充分的时间和机会，让宝宝自己去发现独自玩耍的乐趣。

和宝宝进行语言的交流

这个阶段的宝宝，仍然不会说话，但是已经进入了牙牙学语的阶段了。宝宝正在学习倾听，他现在看和听的本领几乎和成人一样好，他的交流技能也在迅速地提高，慢慢理解，然后再自己模仿着发声吐字。有些宝宝会发出“mama”、“baba”、“dada”的语音，但这些语音都是无意识的，并不是会叫妈妈、爸爸了，但爸爸妈妈听到后仍然会很开心。

当宝宝发出语音时，爸爸妈妈要积极地做出反应。例如宝宝发出“mama”的语音，妈妈就应该说“我就是妈妈”，还可以同时用手指指着自己，这样宝宝就会慢慢把“mama”的发音和妈妈联系在一起了。

和宝宝在一起的时候，爸爸妈妈也要多用语言跟宝宝交流。这个阶段是宝宝学习语言的很好时期，爸爸妈妈多说，宝宝多听。

看到什么就说什么，不断反复地说，并且能让宝宝看到、摸到，让宝宝不断地感受语言、认识事物。

即帮助他更好地了解因果关系，同时，这也是帮助他树立自尊心的重要途径。那么宝宝将来一定是一个语言发展很棒而且很喜欢与人交往的宝宝。

学会做宝宝的“开心果”

虽然在4～5个月里哭闹仍是宝宝最主要的交流手段，但他已经渐渐开始有了一些幽默感。当宝宝遇到让他开心的惊喜时，比如突然看到妈妈的脸从毯子下面露出来，或者一个小玩具从盒子里面蹦出来时，宝宝可能会开心地笑起来，但是这种声音不会太大或太突然。

做做鬼脸、扮扮傻样，逗宝宝多笑笑吧！宝宝喜欢听各种各样的声音，爸爸妈妈不需要借助特殊的玩具或乐器来制造声音，只要弹弹舌头、吹吹口哨或学学动物叫，宝宝听了都会很开心。

爸爸妈妈还可以夸张地说：“我爱我的小猫，喵喵喵！”并做起小猫的样子。等宝宝不好奇了再更换一种动物。

如何培养宝宝的认知能力

这个月的宝宝心智发育进入了一个新的阶段，应该更加注意宝宝认知能力的培养。

◎寻找失落的玩具

将带声响的玩具在宝宝眼前抛到地上，并发出声音，看看他是否用眼睛追随，伸头转身寻找玩具。如果不能随声追寻，可继续用不发声的绒毛玩具抛落，看看他能否追寻。如果追寻就将玩具捡起来给他，表示对他的鼓励。

◎认识物体名称

训练宝宝从看到指，通过以前宝宝认知过的东西，鼓励宝宝在听到后不但用眼睛看，还要用手去指。指认物体名是4～5月宝宝的训练重点。开始时扶着宝宝的手去指、去触摸，以促进手、眼、脑的协调发展。语言能力的发育过程是先听懂后才会说的。指认物体名是练习听声音与物品的联系，记住学过的东西。要经过逐件物品反复温习才能记牢。

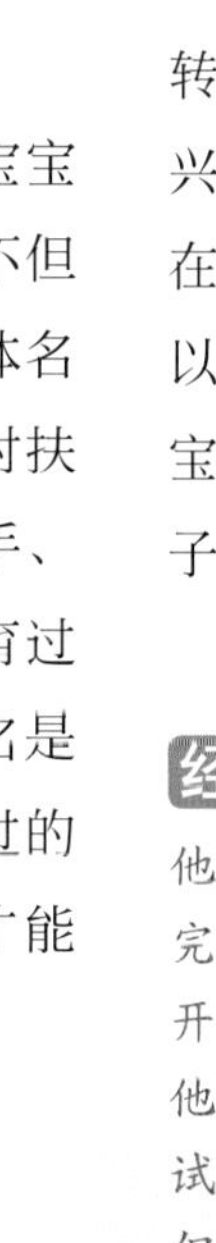

让宝宝感知自然界的变化

宝宝越来越多地了解和熟悉身边的世界，天气、季节和其他自然现象的变化会给他带来无穷无尽的惊喜。可以更多地引导宝宝去体会和观察，比如：白天和黑夜的区别，下雨、下雪等。

◎找铃铛

妈妈轻轻摇着带响声的玩具，先引起宝宝的注意，然后走到宝宝视线以外的地方，在身体一侧发出声音，同时问他："玩具哪儿呢"，逗他去寻找。当宝宝头转向响声，妈妈再把玩具给他看，让他高兴。然后再的面玩具藏起来，露出一部分在外面，再问："玩具在哪里呢"，妈妈可以用眼睛示意，如果宝宝找到，就抱起宝宝亲亲并表扬宝宝："宝宝真聪明，一下子就找到铃铛了"。

经验★之谈 宝宝5个月的时候，他已经能够控制自己的颈部了，这时妈妈完全可以尝试用大浴盆给宝宝洗澡了。刚开始的时候，宝宝可能有些不习惯，一旦他习惯之后，就会非常喜欢这种新的尝试，因为他又有了一个更大的玩耍空间。但在洗澡前，应特别准备一个防滑的浴盆垫和防止洗发精流进宝宝眼睛里的洗发帽，为了避免在给宝宝洗澡时出现意外，所有要用的东西都放在浴盆边的地上，并把防滑垫放在浴盆里。

5～6个月

宝宝的智能

宝宝的感官和心智发育

5～6个月的宝宝已经能够认识很多物品了，虽然他还不会说话。宝宝看到什么东西不再只是想摸一摸了，有了更进一步去摆弄它的愿望。

◎听到自己的名字或者乳名的时候会转过去。

◎宝宝视觉有了很好的发展，会长时间凝视物品。他能够把细节看得相当清楚，也能够分辨颜色了，但还是需要一段较长的时间继续增强他的视力。

◎宝宝咿咿呀呀学语在这个时期会出现明显的雏形，他能够发出更多的声音，会改变音量、音调、语速，并可运用语音来表达情绪。

◎如果重复宝宝所发出的声音，宝宝可能会专心地听，同时，宝宝注意到可以用声音来获得爸爸妈妈的注意。

◎随着宝宝添加辅食，爸爸妈妈会发现，宝宝能比较精确地辨别各种味道，对食物的好恶也表现得很清楚。如果给宝宝吃的食物是他不喜欢的味道，他会很坚决地拒绝。

宝宝的社交能力方面的发育

宝宝的行为更具有社会意义，宝宝可以通过自己的方式来表达自己的想法。

◎会抗议和排斥试图将他手上玩具拿走的人。

◎对母乳的兴趣减弱。

◎会发声表达愉快或不愉快。

◎会对镜中的自己微笑，还会咯咯笑与大笑。

◎听到音乐会发出咕噜声，低哼并停止哭泣。

◎会操纵和摆弄物品。

继续做被动操

这个月可以继续做被动操，被动操能促进宝宝的体格发育。根据月龄和体质，可以循序渐进。记得注意动作要柔和，选择在宝宝心情比较好的时候做，一定可以达到预期的效果。

训练宝宝的精细动作能力

宝宝的小手已经很灵活了，两手还可以分别抓住东西。精细动作能力指的是手指和手腕的细小的、准确的动作。可以利用宝宝的兴趣，引导他锻炼手眼协调和手指的灵活性。妈妈会发现宝宝对妈妈身上佩戴的，如戒指、耳环等小而闪亮的东西非常感兴趣，经常动手来抓。其实妈妈可以购买一些漂亮的小珠子之类的东西让宝宝收集和捉拿，这样宝宝在这个过程中可以得到训练。但一定要注意的是，在这个过程妈妈千万不能离开，以防止宝宝误食。玩要完后也要收捡到宝宝拿不到的地方，不要存在任何的侥幸心理。

让宝宝开始用手去探索

在宝宝够得到的范围内放一个玩具，等着他把这个玩具拿到自己旁边，这样有助于宝宝练习这项技能。

大约再过一个月，他就能学会抓更大的玩具，并开始练习把东西从一只手转到另一只手。给宝宝一个小摇铃或者其他能抓的玩具，让他练习这项技能。帮他把东西转移到他的另一只手里，然后再放回到原来那只手中。

手部肌肉训练

宝宝最先注意到的就是自己的手，由刚开始的无意识地抓取到后来的有意识地拿取，这都说明宝宝的体能和智能的发育程度。

在训练宝宝的手部肌肉时，爸爸妈妈可将宝宝抱成坐位，在宝宝的面前放上一些色彩鲜艳的玩具，指着其中的一件玩具，向宝宝介绍这件玩具，以引起宝宝对玩具的兴趣，然后再引导宝宝自己伸手去抓玩具。

起初要把玩具放在离宝宝最近的地方，宝宝一伸手就能抓到，这样会增加他的斗志，促使宝宝将游戏进行下去。待宝宝很容易抓到面前的玩具之后，爸爸妈妈要把玩具放到稍远一点的位置，并鼓励宝宝去抓取，然后逐渐扩大距离。

在此期间，爸爸妈妈可以试着把宝宝手里的玩具拿过来，然后再扔到宝宝身边，训练宝宝捡的动作，或者把宝宝不喜欢的玩具递给宝宝，训练他推的动作，全面增强宝宝手部肌肉的力量。

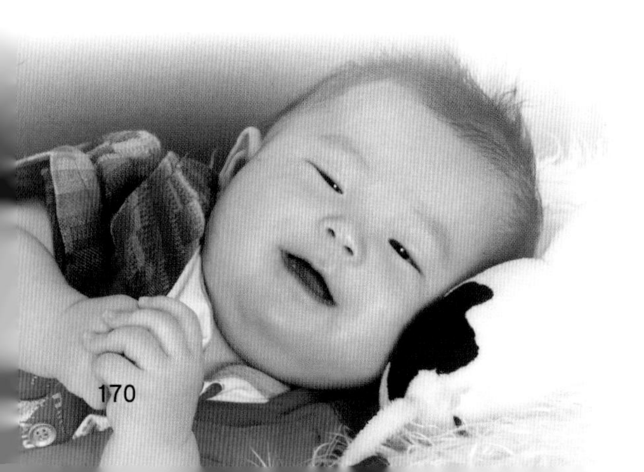

要有计划地教宝宝认识外界事物

宝宝到了5～6个月，爸爸妈妈要有计划地教宝宝认识外界事物，让宝宝充分认识这个丰富多彩的世界。在前几个月里，爸爸妈妈对宝宝说话的内容都很随意，没有计划性，看到什么就说什么，目的是引起宝宝的注意。但从这个月起，就要有计划地教宝宝认识周围的日常事物。

爸爸妈妈可以准备一些色彩鲜艳的卡通书，一边翻给宝宝看，一边为宝宝讲解书上的小动物，告诉宝宝："这是一只小狗，那是一只小猫咪，前面那个是红红的大苹果，后面那个是绿绿的大西瓜……"如此反复教导之后，宝宝的脑海里便会储存这些记忆。下一步可以教宝宝听到物品名字后让他能自己用手指出来。

妈妈抱着宝宝在室内走动的时候，也可以指着家里的各种电器、家具告诉宝宝：这是电视机，那是空调，那是桌子……时间长了，当妈妈说出每件电器的名字时，宝宝的视线便会盯在那件电器上。

宝宝语言功能的发育，是在听懂之后才会说。所以指物、认物是本月训练重点，爸爸妈妈一定要有耐心，不能三天打鱼两天晒网，那样只会前功尽弃。

训练宝宝视觉能力

宝宝的视觉追踪能力正在逐渐提高，他喜欢注视移动的人或物体，尤其是他感兴趣的。爸爸妈妈会发现，宝宝对各种体育运动很感兴趣，可以带他去看大点儿的宝宝玩，并引导他追逐移动的人或动物。

继续鼓励宝宝“说话”

继续鼓励宝宝“说话”，重复宝宝的声音，并及时做出回应。虽然宝宝还说不清楚，但是他已经明白很多熟悉事物的名称了。经常说给他听，并让他去看、去触摸、去感知。还可以让宝宝来认识自己的身体部位。看家人的照片也是个不错的认知过程。对词语的理解和积累，是宝宝语言发展的必经之路。

当宝宝可以真正说话时，妈妈会很惊讶，这些词语并没有一个一个指着教他学，为什么宝宝自己就会说呢？其实这些都是源于宝宝前期的积累。往往说话晚的宝宝的爸爸妈妈也是话语比较少的人，因为宝宝没有最初的语言积累。

训练宝宝辨别声音从哪里来

现在的宝宝能够辨认出声音是从什么地方来的了，一听到新的声音，他就会迅速地把头转过去。当妈妈说宝宝的名字时，他会明白妈妈是在跟他说话。妈妈可能会注意到，当妈妈叫他或者和与其他人谈起他时，宝宝还会把头转过来。如果妈妈想吸引宝宝，逗他开心，妈妈只需要跟他说话就行了。

让宝宝与家人一起共进晚餐

家里吃饭的时间是与宝宝一起共度的美好时光。他会很喜欢看家人吃饭，这样他自己也能够多吃一点。他现在也已经能拿奶瓶了，他很想参与大家的聚餐。大概再过1个月，他会自己坐着，用手抓取小物品，使自己的用餐能力得到进一步的提高。所以我们在吃饭时可以将宝宝的餐椅放到餐桌边，让他享受与家人共进晚餐的乐趣。一些松软的清淡食物可以让宝宝品尝一点。

如何培养宝宝的认知能力

这个月的宝宝开始认生了，这是宝宝心智发育的一个新的阶段。

◎给宝宝介绍陌生人和玩具：6个月的宝宝看到陌生人后开始躲避，将脸扑向妈妈怀中，害怕或者哭闹。到一个陌生的地方也会感到害怕，甚至大的玩具都会让他感到陌生与害怕。妈妈可以带宝宝见到陌生人后主动与陌生人打招呼来逐渐消除宝宝的恐惧。比如遇到了小区里的邻居，妈妈就应该说："宝宝，这是张阿姨，她就住在我们楼上。"多跟他说几次。

◎让宝宝辨别什么是"你的"、"我的"：4个月之前宝宝还不能觉察到消失了什么，5个月后，能听到掉落的东西并转头寻找，6个月才能真正觉察别人拿走自己正在玩的东西，而且反抗强烈，这是认知上的飞跃。宝宝从这个时候起知道了什么叫做"我的"，有了属于的概念。妈妈可以拿两个物体，一个是宝宝经常玩或者最喜欢的玩具，一个是有妈妈特征的物品，例如妈妈经常戴的眼镜等。把宝宝的玩具给他，然后从他手上拿走，他表示反抗后还给他。把妈妈的东西给他，然后从他手上拿走，他表示反抗后不还给他，并用语言和行为告诉他这是妈妈的。

了解宝宝日益丰富的情感

虽然宝宝还不能和妈妈一样用复杂的方式来表达他的情感。但他能清楚地让妈妈知道他生气了、无聊了或高兴了，但是他表达爱和幽默的能力还有待发展。宝宝也会表现出对妈妈的强烈依恋——当宝宝想要妈妈抱时，他会举起他的双臂；当妈妈离开房间时，他会哭闹。他可能还会给妈妈一些拥抱和亲吻。而且宝宝开始能听懂什么是玩笑了，当他看到妈妈有趣的表情，他会发笑，还会试着逗妈妈乐。经常给他做些好玩的鬼脸，如动动眼睛、嘟嘟嘴等。

6~7个月

宝宝的感官和心智发育

6个月的宝宝对爸爸妈妈更熟悉了，也能分辨出妈妈是在表扬他还是在批评他。在心智方面也比上个月有了更大的进步。

◎宝宝对周围的一切越来越有兴趣，喜欢看变化的景物，他能注视周围更多的人和物体，喜欢盯着自己感兴趣的人或物体很长一段时间。

◎随着宝宝观察力的提高，他对于环境也更加的了解，他会寻找挡在某件物品后面的玩具。

◎语言是宝宝发育中的另外一个重要部分，宝宝的发音也多了起来。他会将几个声音串联起来重复说，当然这时候宝宝依然处在无意义发音阶段。

◎宝宝可以分辨物品的远近了，当居室中的家具陈设有所变化后，会发现宝宝会注意去观察，有时还会感到很惊讶或不安。

◎宝宝对味觉的喜好开始更加强烈起来。

◎宝宝吸引妈妈注意力的方式越来越丰富，不仅仅是哭，他还会通过扭动身体，弄出响声来让妈妈关注他。

◎如果家人的外貌有所改变，比如变化发型、戴上墨镜等，宝宝会很警惕，一直盯着看，直到听到说话声音后认出妈妈为止。

◎会将自己的照片与自己联想在一起，并发出适当的声音来反应。

宝宝的社交能力方面的发育

现在更能感觉到宝宝完全以一个家庭成员的身份，开始参与家庭生活了。他的行为已经有了社会意义。

◎平时喜欢到外面玩的宝宝，会经常用手指着窗外，他想让妈妈带他到室外看小朋友、树和小草，还有突然飞过的小鸟哦！

◎当妈妈离开家时，宝宝会哭闹。

◎面对陌生人可能会感到不安。

◎会辨认家中成员。

◎开始透过音调学习“不”的含义。

刺激宝宝的感官

6个月宝宝的感官正在逐渐发育，并走向成熟。爸爸妈妈要通过游戏等方式来增强宝宝的感官刺激，以此来训练宝宝的智力。

听觉是最基本的一种感官刺激，并且也是最常见的，对听觉的训练可以在日常生活中随时进行。当电话响时、打开电视机时、打开水笼头时、门铃响时、手机响时等，爸爸妈妈可以告诉宝宝，声音是从哪里发出来的，也可以模仿一下，并把相应的物体指给宝宝看。这样做不仅增强宝宝对声音的敏感度，还能帮助宝宝认识更多的事物。

除了刺激宝宝的听觉感官之外，还要注意对其他各种感官的综合刺激，比如和宝宝一起玩捉迷藏游戏就是对感官很好的一种刺激。

在玩这个游戏时，爸爸妈妈一边唱儿歌，一边模仿动物的动作。由妈妈抱着宝宝，爸爸戴个头饰（吸引宝宝的注意），边唱歌边躲在妈妈身后，然后学一种动物的叫声，吸引宝宝寻找。这时的宝宝会高兴地转过身找爸爸，当他看见爸爸之后，会挥舞着小手，咯咯笑。然后爸爸再模仿另一种动物的叫声和动作，躲在妈妈身后，让宝宝寻找。

这样可以让宝宝的智能在游戏中得到培养，此外，宝宝转颈和转身的能力得到了很好的锻炼。

强化神经末梢刺激

对宝宝神经末梢的刺激主要体现在宝宝的手指上。除了拍手游戏之外，还有单独运用手指来玩的游戏。比如“逗逗飞”游戏就能很好地刺激宝宝的神经末梢，虽然这个游戏很老套，但能促进宝宝的智力发育。

让宝宝靠坐在妈妈的怀中，妈妈拿着宝宝的小手，将两手食指指尖相对，然后轻轻地说“逗逗飞，逗逗飞”，一边说，一边把宝宝的两手食指指尖相对和分离，声音缓慢且轻柔，妈妈可以做出夸张的表情，语音抑扬顿挫，引起宝宝的兴趣。《拍手歌》的游戏同样深受妈妈和宝宝的喜爱。《拍手歌》就是妈妈用自己的手掌，和宝宝的手掌相互拍打，边拍边唱儿歌，一定要注意节奏。

当然，儿歌内容可以随意编，主要是为了引起宝宝的兴趣，这种游戏主要通过双手指尖的接触，刺激宝宝的触觉神经发育。

强调颜色的学习

宝宝已经可以注视和追踪他感兴趣的东西了，也能够分辨颜色了。在和宝宝玩耍的过程中，妈妈可以有意识地让宝宝加强对颜色的学习。一般宝宝最先认清的会是红色。

当然，这是需要一个反复重复的过程，需要一直坚持才会看到效果。在玩耍的过程中，注意每次让宝宝区分的颜色要从1～2种开始，慢慢增多。

给宝宝开辟一块玩耍的空间

从6个月开始，宝宝不再愿意做被动操了，所以我们需要为宝宝在地上专门开辟一个玩耍的区域。这个区域可以是房间里的一个角落，地上铺上地垫，周围可以装上安全护栏，将安全的东西放在这个区域内，让宝宝可以在里面尽情地玩耍。

训练宝宝的大动作

现在大多数宝宝已经可以坐稳了，妈妈可以适当减少把宝宝抱在怀里的时间，多给他自由活动的机会。他会逐渐很顺畅地翻身和坐起，并尝试着去抓远处的东西。大动作能力，是爬行运动所必需的，它会运用到双臂、腿、脚和全身的大肌肉。

为了让宝宝提高这些技能，妈妈可以在他刚好够不到的地方放上一个玩具，然后，看着他努力地去抓取。如果他因为够不到玩具哭了，妈妈一定要给他一些鼓励，但不要直接把玩具递给他。要让他在做事的过程中受到一些挫折，这会使他从中得到锻炼，他的身体也会变得更加灵活自如。

去公园或小区里玩耍，可以抱着宝宝去滑滑梯，宝宝对这种新奇的玩法会感到非常的高兴。

教宝宝学习手语

这个月可以教宝宝一些手语了，例如："再见、谢谢、鼓掌"。我们知道大多数宝宝在能够说"拜拜"之前，早就知道用挥手跟妈妈表达再见。教会宝宝一些简单的手语来表达他自己的方法。当然，宝宝会做手语，并不是说他就不会再哭闹，不会大发脾气。开始的时候，每当妈妈说一个常用词时，可以同时用一种手势来表示，比如妈妈用手指指嘴唇表示"饿了"，宝宝很快也能够用这个手势来表达他饿了。

加强物体永恒概念

如果妈妈一直注意通过游戏的方式告诉宝宝，他看不到的东西依然存在着，他多半此时已经能明白物体永恒存在的事实了。他现在更喜欢玩藏猫猫的游戏，妈妈可以变换花样增加难度，宝宝会乐此不疲地在寻找过程中获得快乐。

训练宝宝认识周围事物

培养宝宝的认知能力不仅让宝宝认识周围的事物，还教宝宝认识自己。教宝宝认识自己有两种简单的方法：一是通过照片；二是通过镜子。

◎通过照片让宝宝认识自己

一般宝宝到了这个阶段，爸爸妈妈都会为他拍下不少照片，爸爸妈妈可以把这些照片当做很好的教材，教宝宝认识自己。爸爸妈妈可以拿着宝宝的照片，指着照片上的部位，逐一介绍给宝宝。告诉他照片上的身体各部位，这是你的鼻子、你的耳朵……这时，宝宝就会伸出手摸摸自己的鼻子或耳朵，然后爸爸妈妈再夸宝宝长得如何漂亮或如何英俊，他便会非常得意。

◎通过镜子让宝宝认识自己

把宝宝抱在镜子前面，用手指着宝宝身体的某个部位，告诉宝宝，这是什么，那是什么，宝宝通过听到的、看到的，就会明白妈妈所指的头、手、眼睛等词汇的含义。用不了很长时间，宝宝就知道自己的鼻子在哪儿，嘴巴在哪儿。这时，爸爸妈妈就可以和宝宝玩指说游戏，妈妈说鼻子时，宝宝的手指就会指向自己的鼻子；妈妈说耳朵时，宝宝的手指就会指向耳朵。每次在宝宝指对的时候，妈妈就对他进行一番表扬和鼓励，宝宝会满怀信心十分愉快地和妈妈玩下去。

与宝宝共渡一段阅读时间

每天抽一点时间和宝宝一起看书，这样不仅可以提高宝宝的语言能力，并为他爱上阅读打好基础。妈妈选择什么类型的书并不重要，色彩鲜艳、结实耐用的硬纸版书，带有弹出图片的立体书或带有可触摸的实物插图的书都非常流行。现在，宝宝的手还没有灵活到可以自己打开书，或者翻动书页，要到9～12个月时，宝宝才会做这样的动作，他可能没有耐心安静地坐着听妈妈讲完故事，但是不要放弃，不管宝宝多大，给宝宝读故事都是一个与他相依偎和交流的好机会。

如何培养宝宝的认知能力

6个月宝宝的活动能力有了质的飞跃，可以加大对身体各部分的认知。

◎拍拍

同样与宝宝对坐，如果他还不能自己稳稳当当地坐着，就在他身后塞一只靠垫，或者把宝宝抱在怀里，辅助他完成动作。然后开始唱拍手歌：拍拍你的小手，拍、拍、拍，拍拍你的小脚，拍、拍、拍……每天可以重复拍3个部位，以后可以逐渐增加拍的部位。

◎认识一个身体部位

与宝宝对坐，先指着自己的嘴巴说“嘴巴”，然后拿着宝宝的小手指指他的小嘴说“嘴巴”。每天重复1～2次，然后抱着宝宝对着镜子，拿着他的小指指他的小嘴，又指自己的嘴巴，重复说“嘴巴”。经过7～10天的训练，当爸爸妈妈再说“嘴巴”的时候，宝宝会用小指自己的嘴巴，这时爸爸妈妈应亲亲他表示奖励。

7~8个月

宝宝的智能

宝宝的感官和心智发育

宝宝现在多半已经坐得很稳了，手眼协调能力也更棒了。两只手握着玩具玩耍，也不再需要物体支持身体。这些动作看似平常，但对宝宝来说是一个里程碑，也是爸爸妈妈平时练习的结果。

◎宝宝会分辨气味了。

◎眼睛能追随快速移动的物品。

◎有强烈的运动欲望。

◎一天到晚咿咿呀呀个不停，会模仿不同的声音与发出一连串的声音。

◎如果宝宝正对着镜子欣赏自己，而爸爸妈妈突然出现在他的身后，这时，宝宝很可能会转过身来找爸爸妈妈，而不会认为爸爸妈妈就在镜子里。

◎了解东西被藏起来时并不会消失。

◎会去寻找掉落的物品。

◎开始了解一个和多个之间的差异。

◎记忆能力也加强了，能回想过去的事件。

◎能够解决简单的问题，例如通过拉扯来拿到东西。

◎宝宝的感情越来越丰富了，如果爸爸妈妈把他手中的玩具拿走，宝宝会大声地哭。但有的宝宝比较"憨厚大方"，拿走就拿走，不在乎，拿起其他的玩具继续玩。这跟宝宝的个性有一定的关系。

宝宝的社交能力方面的发育

现在宝宝已经充分开始了他的家庭活动，他已经明白与爸爸妈妈的关系以及如何依靠这些关系。

◎反抗做不喜欢做的事，将不喜欢的东西推开。

◎喜欢和爸爸妈妈做游戏。

◎会拍打、微笑并试着亲吻镜中的影像。

◎可以模仿别人的行为。

◎可能会试着利用爸爸妈妈获得想要的东西。

锻炼颈背肌和腹肌

如果宝宝到了7个月还不能坐得很稳，那就说明宝宝的颈背肌和腹肌力量不够，需要进行锻炼，提高肌肉强度，达到早日独坐的目的。只有宝宝的颈背和腹部肌肉增强之后，宝宝才会稳稳地坐起来。

在进行训练时，让宝宝先仰卧，然后由妈妈握住宝宝的两只手腕，轻轻地把宝宝拉起来，然后再轻轻地放下。反复进行这种坐起来和仰卧下去的游戏数次，宝宝的颈背肌和腹肌力量就增强了。也可以让宝宝握住妈妈的拇指，妈妈稍加用力，宝宝就会坐起来和仰卧。但需注意，如果宝宝的手部力量不够，就很容易在半途松手而发生意外，所以爸爸应该在宝宝身后进行保护。

帮助宝宝练习爬行

爬行是宝宝大动作能力发展的一个重要阶段。

在前几个月里，宝宝学习爬、抬头、翻身、坐，都是在为爬行做准备的。在这个月里，有的宝宝已经可以匍匐前行了。接下来，宝宝就能把自己的身体支撑起来，离开地面了。而有的宝宝则是用手和膝盖支撑着俯卧在地上，前后晃动身体。妈妈不用担心，这是宝宝必经的一个过程，妈妈可以通过游戏吸引他做更多的练习。

如果学爬时，宝宝的腹部不能离开床铺，妈妈可以用一条毛巾放在他的腹下，然后提起毛巾，帮助他开始手膝爬行。等宝宝小腿肌肉结实后，就会渐渐变成手足爬行。练习爬行不但锻炼了四肢的耐力，而且能增强小脑的平衡与反应联系，这种联系对宝宝日后学习语言和阅读会有良好的影响。宝宝爬得好，别忘了要拥抱和亲吻他作为鼓励。

训练宝宝的精细动作能力

宝宝的精细动作主要是指手指的灵活性和手眼协调配合。

8个月的宝宝两只手多半可以主动抓拿东西了，还能把东西从一只手放到另一只手，可以拍手，让两手中的东西对敲。这些能力并不是一蹴而就，同样需要平时多练习。

如何帮助宝宝探索物体之间的关系

宝宝正在开始了解三维空间里的各种事物之间是怎样的互相关联。他可能可以把一些较小的东西堆放在一起。宝宝还会本能地把玩具一个一个地搭起来。等宝宝再大一些时，他还会试着把一个玩具塞进另一个玩具里面。经常给宝宝买一些玩具，让宝宝在玩耍中明白物体之间有什么关系。

“躲猫猫”游戏可以继续玩。经过前面的训练，宝宝已经明白物体永存的道理。他会非常喜欢人或玩具一会儿出现，一会儿消失。

多带宝宝接触外界环境

有的宝宝在6个月之前，没接触过什么人，也没去过什么地方，这种宝宝在6个月之后，如果在路上遇见向他伸出双手的热情的人，他就会哇哇大哭，甚至在以后的日子里，带他去别人家串门，他都会因害怕或胆怯而哭泣。直到这时，爸爸妈妈才会意识到事情的严重性，于是天天带宝宝上街，去串门，去找同龄宝宝玩。刚开始，宝宝会哭，但随着对环境和事物的逐渐认识，宝宝的恐惧心理会逐渐消失，变得大胆起来。也有的宝宝天生外向型，即使天天在家不出来，见到陌生人也不感到害怕，但这种类型的宝宝不多见。

如何训练宝宝的语言能力

宝宝的语言能力在逐渐提升，此时他的语言理解能力远比表达能力发展得要快。如果爸爸妈妈平时注意告诉宝宝身边很多熟悉的物品的名称，他现在应该可以明白爸爸妈妈说的物品名称，并会转头去找。如果注意练习他配合手指指向的动作，那下次宝宝在寻找时，也许还会同时用手指指认。宝宝的很多能力是自然发展的，但是，如果妈妈在了解他的相应特点时，能够给予适合的练习，他的能力发展就可能会略超过他的实际月龄。

此时，宝宝语言表达的能力多半还只限于“爸、妈”等简单的单字重复，而且没有明确的指向。语言的学习训练是个不间断的过程。妈妈还是需要多给宝宝听和重复的机会，并及时回应宝宝可能含糊不清的言语，这会让他更愿意学习。

让宝宝明白什么是“不”

现在，妈妈可能已经告诉过宝宝：“电话不是玩具，拨浪鼓不是用来扔的，或者不要拽妈妈的头发，不要摸有电的东西等。”在这个阶段，宝宝可能已经开始拒绝执行简单的指令，来“考验”妈妈的权威。其实宝宝并不是真的不听话或者任性——他只是出于好奇罢了。每次告诉宝宝的事情，他可能过几秒钟就记不住了。所以，当宝宝“不听话”时，最好的办法就是简单地告诉他“不行”，然后再试着转移他的注意力。例如：喂宝宝吃东西时，可以握着宝宝的手，轻摸容器的外壁，知道“烫”的感觉并告诫“烫，不能动”，从而懂得不能动手去摸烫的碗，以免受伤；看见他用手去摸插座，明确告诉“有电，不能摸”，重复几次，并且立刻将他抱开，让宝宝学会保护自己，抑制自己的行动。

经验★之谈 要给宝宝巩固“不”的意义，要给宝宝树立妈妈的“权威”，有的宝宝在伸手去取物之前，常常要看看大人的表情，有时妈妈会摇头、撇嘴，或者有不高兴的表示，宝宝就会懂得是“不”的警告，应当停止。有时宝宝实在忍不住，仍想继续去干，这时妈妈应当更加严肃地说“不”，并给予制止。如果此时宝宝还是不听，就要强行把他手上的东西拿走，不能怕宝宝哭闹而让步。有过一次让步后，宝宝会用哭闹去要挟，成为不良性格的源泉。

正确面对宝宝的分离焦虑

妈妈会发现到了这个月宝宝越发不愿和妈妈分开了，并表现出明显的分离焦虑。妈妈不必为此担忧，相反地，分离焦虑是宝宝越来越了解身边世界的一种表现。早几个月时，当妈妈离开房间时，宝宝几乎没有什么反应。但现在当他知道妈妈要离开时，他能够想象妈妈的样子，并且开始思念妈妈了。

所以，也许妈妈一离开他，他就会哭闹起来。宝宝不愿意与妈妈分离，也许有时会使妈妈心烦意乱。如果妈妈要外出办事，而宝宝需要待在家里时，出门前，妈妈要给宝宝一大堆拥抱和亲吻，反复告诉他妈妈一会儿就会回来的。虽然他还不明白过一会儿妈妈会回来，但妈妈的爱和亲热能够安慰宝宝，帮他度过妈妈不在的这段时光。另外，当妈妈每次离开时，妈妈可以尝试养成举行一种小小的“告别仪式”的习惯，让宝宝知道妈妈要走开一会儿，并且要尽量把宝宝留给他熟悉的人照看。这样，虽然没有爸爸妈妈在身边，宝宝与暂时照顾他的人在一起时，也会感到安心。

如果宝宝睡在另一个房间里，他会为夜间与妈妈分离而焦虑不安。因此，在把他放到床上之前，建议妈妈多花点时间给他讲讲故事、亲密地依偎一会儿、放一些舒缓的音乐。养成一套可以遵循的睡前程序，这些能给宝宝他所需要的安全感，使他更容易入睡。当妈妈给宝宝掖好被角准备走出房间时，宝宝可能会缠着妈妈，不让妈妈走，这时，妈妈要告诉他，几分钟后，妈妈还会回来看他有没有乖乖睡觉。大多数情况下，在妈妈返回之前，他就会睡着了。

经验★之谈 当我们带着宝宝外出不住在家里时，也要尽可能坚持原有的固定睡前程序。这样，可以使宝宝在不熟悉的环境中有安全感，也能很容易地安然入睡。

了解宝宝更加丰富的情感

7个月宝宝的情感变得更加明显了。他可能会向喜欢的人送上一个飞吻，如果大家鼓掌表示喜欢，宝宝还会重复这个动作。

在接下来的几个月里，宝宝可能会学着去判断和模仿情绪，并且还会流露出最早的同情心。当他听到有人哭时，他可能也会跟着哭起来。

如何培养宝宝的认知能力

7～8个月宝宝的认知能力训练主要是在气味和味道的分辨上。

◎继续认识身体部位

让宝宝看着娃娃或其他人，妈妈可以拿着宝宝的手用手指着娃娃的眼睛，说："这是眼睛，宝宝的眼睛呢？"又帮他指自己的眼睛，逐渐让宝宝独立指身体的部位。

◎尝一尝

用3个杯子，分别装3种液体，如柠檬汁、糖水、苦瓜水，用吸管依次醮3种液体给宝宝尝，一边尝一边告诉他"酸、甜、苦"。

◎闻一闻

找3种气味比较大的水果，每一种切一块，然后拿给宝宝闻，闻了之后还可以拿给宝宝舔一舔、品尝一下。让他自己将闻到的与尝到的联系起来。

8～9个月

宝宝的感官和心智发育

在宝宝出生后的8～9个月，不仅四肢肌肉力量和协调性更强了，感觉和心智都飞速发展，活动量开始剧增。

◎宝宝的听力更准确了，听到声音，他会审视整个房间，寻找声音的来源。

◎宝宝虽然还不会用语言表达意思，但会模仿妈妈的简单发音。有些宝宝可以发出比较清晰的“妈、爸、拜”等单音，还能不断发出不清晰的“妈妈、爸爸、奶奶、打打、布布”等复音。

◎宝宝看的能力也进一步增强，对看到的东西有记忆能力，不但能认识爸爸妈妈的长相，还能认识爸爸妈妈的身体和爸爸妈妈穿的衣服。宝宝对外界事物能够有目的地去看了，不再是泛泛地看了，宝宝会有选择地看他喜欢看的东西，例如在路上奔驰的汽车、玩耍中的宝宝。

◎宝宝已经能了解一些简单的手语指示，会用摇头来表示“不”。

◎可能记得前一天玩过的游戏。

◎会对始终重复的东西感到厌烦，甚至有时候会生气。

◎宝宝的社交能力明显增强，开始喜欢小朋友了，看到小朋友高兴得小脚乱蹬，会去抓小朋友的头或脸，那都是宝宝想交流的表现。

◎喜欢看电视上的广告，能盯着广告片看上几分钟。

◎宝宝像个小外交家，喜欢让人抱，但也有些宝宝更加认生了。

宝宝的社交能力方面的发育

宝宝已经开始了他的“小外交家”生活，他不仅喜欢与小朋友交往，还知道在家人中谁最宠爱他，如果妈妈不满足他的要求，他就会去找最容易满足他的人。

◎不喜欢被限制住，妈妈已经发现抱不住他了，他更喜欢在地面上活动。

◎见到熟悉或喜欢他的人，会兴奋地伸出手臂。

◎宝宝会用杯子喝东西，会自己吃一些食物。

◎会刻意选择要玩的玩具。

◎会跟人模仿一些声音，如咳嗽、“嘘”声。

◎开始判断成人的情绪。

经验★之谈 这个阶段可以让宝宝充分地多爬。没有必要过早学习站或者走。研究表明，爬行的阶段比较长的宝宝，一旦学走，会非常快而且稳。而且由于爬行对宝宝是非常好的四肢协调锻炼，爬得多的宝宝还往往运动能力过人。

教宝宝学会坐下

宝宝越来越接近能独立行走了。他可能会爬上楼梯，还会扶着家具站直了挪动几步。这个年龄的宝宝甚至有可能会摇摇晃晃地走上几步了。

但是这个月龄的宝宝不会坐下。对于宝宝来说还得学习怎样弯曲膝盖，怎样从站立转到坐下，这个动作其实比妈妈想象的更难掌握。因为不会坐下，宝宝可能会在婴儿床上站着。如果出现这种情况时，妈妈要耐心地教他怎样才能再坐下来。办法之一是把玩具安放在近脚一侧的地面上，引诱宝宝低头弯腰去抓。即使宝宝一手扶着家具蹲下，一手伸出来抓玩具，也是进步。当宝宝懂得低头弯腰去抓玩具后，接下去将懂得不必依靠家具扶持，再接下去将能靠自己的力量站立和坐下。

站立练习

在这一项练习中，爸爸妈妈一定要注意安全，不可操之过急，应循序渐进，逐渐延长宝宝的站立时间。

刚开始可以让宝宝双手扶着桌子或床边独站，在宝宝扶站稳当之后，再练习宝宝单手扶站。练习单手扶站时，爸爸妈妈可以引导宝宝用一只手扶着桌子或床边，另一只手去抓玩具。

当宝宝单手扶站很稳当之后，再训练宝宝的独站能力。

在这一项训练中，爸爸妈妈一定要照顾好宝宝。由爸爸妈妈用双手扶着宝宝的腋下，让宝宝背部靠墙，并且臀部贴墙，双腿稍微分开站立，待宝宝站稳之后，爸爸妈妈才可慢慢将手松开，让宝宝自己站立。爸爸妈妈还需一边说“宝宝真棒”，一边拍手为宝宝鼓掌，以增强宝宝的信心和胆量。

让宝宝去探索身边的东西

现在宝宝开始用更多的方法探索事物，在宝宝用嘴巴咬之前，他会通过摇晃、敲打、丢落、扔抛等方法来研究身边的东西。他开始意识到可以用一种东西来做一些事。所以，购买一个可以让他去敲、戳、扭、捏 、摇、丢、打开的电子玩具，这一切会让宝宝陶醉其中。

宝宝也会对具有特定功能的“玩具”着迷，比如电话。如果他不能把电话拿起来放到自己的耳朵上，那么妈妈就帮他把电话放在耳朵边上，装着与他在电话里进行对话。在接下来的几个月里，他将开始学会按照物品的设计功能来使用物体，比如，用梳子梳头发，从杯子里面喝水，对着玩具电话咿咿呀呀地说话。

当妈妈说出某个物体的名称时，注意看他是否已经开始能够指向或看那个物体了，尤其是他熟悉的东西，比如眼睛、鼻子或者嘴巴，或者他很喜欢的各种玩具，像小熊、小狗、橡皮鸭子和小汽车等。

练习手指的运用

宝宝可能会开始寻找掉落下来的物体，并会伸出食指指向那个东西了。他可能还会轻松地用手指把一块食物“舀”起来，并握起小拳头捏住它。他还学会了松开小手，让物体掉落下来，而且扔东西的准确性更高了。他可能也开始掌握这样的精准动作——用拇指和食指像镊子一样捡起小物件。

宝宝开始喜欢东戳戳、西捅捅了，还会把小指伸进小洞里去。此刻，妈妈应该及时给家里的所有电源插座都加上盖，这些东西都可以在母婴用品店买到。

如何培养宝宝的认知能力

宝的活动范围更大了，这个月在认知上加强学习，可以取得良好的效果。

◎看图认物

准备一些物品和识图卡片，卡片上必须是单一的图，图像要清晰，色彩鲜艳，物品和卡片上的物品需要是生活中比较常见的，并且可以一一对应。第一次可用一种水果配上同样一张水果卡片，使宝宝理解图是代表物。初教时每次只认一种物品，反复练习3～4天，待宝宝听妈妈说物品名，能从几张图中找出正确的图时，再开始教第二张。学习的速度因人而异，不要和别的同龄宝宝攀比。有些识图卡上有汉字，这个时候不必去教宝宝认字。

◎让他抱抱

找一个妈妈的朋友，是宝宝不熟悉的。妈妈可以叫朋友给宝宝一个小玩具，并同宝宝玩一会儿让宝宝渐渐放松，当宝宝报以微笑时伸手抱宝宝。但妈妈要在身边，并且要用语言和表情告诉宝宝不用害怕。宝宝随时向妈妈伸手，妈妈都要把宝宝接过来，不要勉强。哪怕一次朋友只接抱了几秒钟，有过几次这种体验后，宝宝对陌生人的恐惧感要消除一些。

◎奇妙的世界

随着宝宝听觉、视觉、触觉和对语言理解能力的发展，宝宝的认知能力在迅速提升。虽然他还不能表达，但是，他对身边很多事情都比较了解了。宝宝已经明白“物体永恒存在”的概念，看懂了身边事物的一些因果关系，比如天黑要开灯，天亮要关灯。妈妈平时可以多给宝宝一些机会让他去了解生活中的方方面面，让他去自己学习。

如何消除宝宝的恐惧心理

有时候，当宝宝遇到他不能理解的事物时，他会感到害怕。哪怕是以前他不在乎的事情，像叮当作响的门铃声或炉子上水壶的鸣哨声，现在他都可能会感到害怕。出现这种情况时，爸爸妈妈要做的最重要的事就是安慰宝宝，让他不要害怕。告诉宝宝，妈妈就在他身边，他是安全的。给宝宝一个拥抱，把他搂在怀里依偎一下，也许他就没事了。

培养宝宝与人交往

8个月的宝宝已经具备一定的社会活动能力，外出时宝宝表现出的新奇和兴奋说明他对周围环境产生了极大的兴趣，具有了与人交往的社会需求和强烈的好奇心。爸爸妈妈无论工作有多忙，都要抽出时间带宝宝外出，让宝宝增加与外界接触的机会，让宝宝接触丰富多彩的大自然及不同人群，从中学到经验。

一个活泼开朗的宝宝通常乐于与人交往，这种宝宝长大之后，更容易在社会上立足。不愿与人交往的宝宝，长大之后，却很难在社会上立足，而造成宝宝不愿与人交往的主要原因就是爸爸妈妈没有认识到培养宝宝与人交往的重要性，认为这一点微不足道，培养不培养无所谓，在宝宝长大之后自然会与人交往，这些都是错误的认识。只有从小对宝宝进行培养，长大后才能拥有好的行为习惯。

在培养宝宝的与人交往的同时，一定要继续培养宝宝的言语、举止，争取培养出一个活泼开朗、乐观向上、懂礼貌、讲文明、人见人爱的乖宝宝。爸爸妈妈应该不时地教宝宝一些称谓，当遇到周围熟悉的人时，让宝宝喊“叔叔”、“阿姨”、“奶奶”、“爷爷”等，刚开始可能有的宝宝不会喊，这也没关系，关键是爸爸妈妈的引导，当宝宝听到爸爸妈妈的发音时，他便会模仿爸爸妈妈的口形来发音，久而久之，宝宝就能顺利地喊出这些称谓，当宝宝喊出这些称谓时，爸爸妈妈要表扬他，这样以后让他喊时，他才会主动地喊。

宝宝的智能

9~10个月

宝宝的感官和心智发育

现在的宝宝进入了说话的萌芽阶段，他的感官和心智进入了新的发展阶段。

◎宝宝也许已经会叫爸爸妈妈了，现在他已经不再是无意识地发音了，而是有意识地在叫爸爸妈妈。只要宝宝的声音有音调、强度和性质改变，他就在为说话做准备。

◎如果爸爸妈妈一直坚持教宝宝一些简单的手语，他会和爸爸妈妈交流得更顺畅。现在，宝宝已经基本理解爸爸妈妈说的语言了，并会尝试用相应的语言回应，但是他的发音能力还很有限，听起来会很含糊。

◎此时的宝宝开始观察物体的属性，从观察中他会得到关于形状（有些东西可以滚动，其他则不能）、构造（粗糙、柔软或光滑）和大小（有些东西可以放入别的东西中）的概念。

◎更注意看别的小朋友，看见别人哭或者笑自己也跟着做。

◎会不断重复一个字，用它来回答每个问题。

◎宝宝开始能记住一些更具体的事了，比如，他的玩具在家里的什么地方。同时，宝宝也能模仿他从前看到过的动作，甚至是一周前所看到的动作。

◎宝宝的理解力明显增强，能答应别人叫他的名字。

◎爸爸妈妈可能发现宝宝会专心地上下移动玩具，或者将它们移近然后又移远，又或者将玩具放颠倒。当宝宝专注于这些活动的时候，他就是在探索物品、探索世界。

宝宝的社交能力方面的发育

随着时间的推移，宝宝意识到自我，也变得更加自信，开始表现出自己的个性。

◎宝宝更喜欢被表扬，以前在他舒服时他能听话，但是现在通常难以办到，他将以自己的方式表达需求。

◎在这个时期，宝宝害怕黑暗、打雷和吸尘器等噪声，恐惧陌生的地方。

◎可以模仿面部表情，模仿声音、模仿别人的手势。

◎会表现出不同的情绪，如难过、快乐、悲伤、生气。

经验★之谈

宝宝虽然还不会说话，但能了解不少语意。妈妈应从小给宝宝创造一个好的语言环境，在开始要求他做一件事时给他说“请”，他帮妈妈完成了什么时要说“谢谢”。另外，如果家里人说话爱带脏字就要给家人说明道理，避免宝宝说话时也带脏字。

让宝宝自己吃饭

让宝宝自己吃饭，是不是听起来有点不可思议。现在宝宝有了很强的独立意识，总想不依靠妈妈的帮助，自己摆弄餐具吃饭。这是宝宝独立的开端，爸爸妈妈千万不要放过这个训练宝宝自己吃饭的大好时机。给宝宝弄一些柔软、易抓而不会噎着的食物，如面条、小蛋糕、磨牙棒、小馒头、炖南瓜或酥软豆类等。每次吃饭前，要把宝宝的小手洗干净，让宝宝坐在专门的餐椅上，并给宝宝戴上围嘴。准备两套小碗和小匙，一套宝宝自己拿着，一套妈妈拿着，一边吃一边喂。

锻炼宝宝的精细动作能力

宝宝从拇指和其他几个手指对捏，发展到拇指和食指的对捍，是宝宝精细动作能力的一个提升。如果宝宝感兴趣，就多给他抓捏的机会，比如在妈妈的看护下捡豆子，或者捡一些小玩具都是不错的练习。可以用一个盒子把这些小物品装起来，倒掉后，再一粒粒捡起来。装的小物品可以经常更换，提高宝宝的兴趣。

让宝宝自己解决分离焦虑

从现在起到接下来的一段时间里，宝宝的分离焦虑感将达到高潮。他表现出对妈妈极度的依恋，并且害怕其他人，这是很正常的现象。为帮助宝宝逐渐适应，妈妈可以提醒其他人接近宝宝时要慢慢地，并等待宝宝来主动接近他们。如果宝宝用吮吸拇指或安抚奶嘴的办法来抚平自己的焦虑，那也没关系。吮吸是宝宝为数不多的能让自己安静下来的办法之一。

如何培养宝宝的认知能力

宝宝的语言能力和模仿能力在这个月发展得非常快，这些都是建立在认知的基础之上的，所以要进一步加强认知学习。

◎教宝宝用食指表示“1”

当宝宝问妈妈要饼干时，妈妈可以问他“你要几个呢”，然后妈妈竖起食指，告诉他1块，然后给宝宝1块饼干。有人问宝宝“你几岁了”时，妈妈也可以教他竖起食指表示自己1岁。几次之后，宝宝会知道竖起食指表示1，妈妈再问他“你要几块饼干”时，他会竖起食指，表示要1块，这时只给他一块，让他巩固对“1”的认识。

◎模仿秀

宝宝现在的模仿能力非常强了，不管妈妈做什么他都想试试。所以，妈妈可以有意识地训练宝宝模仿一些动作，如自己拿着杯子喝水，拿小匙在水中搅一搅等，每次可教一个动作。

◎看图识物

等宝宝能认识4～5张图片后，妈妈可以给他看图片，让他去找对应的物品。一旦宝宝找出来了，妈妈就要大加赞赏和鼓励。

培养宝宝对读书的兴趣

书是知识的媒介，也是宝宝获取知识的摇篮，所以妈妈要竭力培养宝宝对书的兴趣。

在此阶段，宝宝对一些自己感兴趣的东西已表现出自己的喜好程度了，如果妈妈想培养宝宝对书的兴趣，可以在此阶段将宝宝引向书的世界了。对此，有些妈妈或许会发出这样的惊呼。要让宝宝看书吗？宝宝这么小，这不是在开玩笑吗？宝宝有可能会把它们塞进嘴里。

宝宝往嘴里塞东西也是宝宝了解物质的一种途径，所以爸爸妈妈没必要大惊小怪。

为宝宝培养良好的品质

可以说，良好的品质是每个人在社会上立足的最起码的素质。因此，爸爸妈妈有必要为宝宝培养良好品质。

当下虽然宝宝多数是独生子女，是一家人的重点保护对象，但即便如此，在宝宝有不合理的行为表现时，爸爸妈妈也一定要坚定地制止，不能任由其性子来，而且更不能在宝宝未达成自己的目的而哭闹时心软，向宝宝妥协。如此，宝宝再遇到同样情况时，必定会以拼命哭闹的形式逼迫家长以达到自己的目的。其中的利害关系，想必爸爸妈妈也十分清楚。所以，爸爸妈妈一定要为宝宝培养出良好品质。

培养宝宝多与别人交流

卡耐基曾说过：一个成功者，专业知识所起的作用是15%，而交际能力却占85%。心理学家们普遍认为，人际关系代表着人的心理适应水平，是心理健康的一个重要标志。

宝宝从小就表现出与人交往的需要。当妈妈喂宝宝吃奶时，用“呵呵”的声音与妈妈交往，用眼神和表情与妈妈交往，这是亲子之情的流露和表现。当宝宝长大一些后，宝宝开始喜欢跟小朋友交往，即使是面对素不相识的小朋友也要互相摸抓，以表示亲热。当宝宝的交往需要得到了满足，宝宝会表现得特别欣喜和愉悦。因此，爸爸妈妈要有意识地给宝宝提供与别人交往的机会，引导宝宝正确地与别人交往。

经验★之谈

宝宝整天到处爬、到处摸，容易沾染细菌，特别是指甲缝里是细菌、微生物及病毒藏身的大本营，所以要及时给宝宝剪指甲。

10~11个月

宝宝的感官和心智发育

10～11个月是宝宝语言发育的第一个高峰期，所以妈妈要多跟他说，并对他说地做出回应。

◎此时的宝宝，能准确理解简单词语的意思。并能说一些能够理解的单字或词。

◎喜欢发出咯咯、嘶嘶等有趣的声音，笑声也更响亮，并反复重复会说的字。能听懂3～4个字组成的一句话。

◎会模仿语言的旋律、音调变化和面部表情。

◎对简单的问题能够用眼睛看、用手指的方法做出回答，例如问他“小猫在哪里”，宝宝能用眼睛看着或用手指着猫。

◎喜欢拆开及重组东西。

◎会打开抽屉和柜子探索里面的东西。

宝宝的社交能力方面的发育

这个月宝宝更有自己的主见了，他希望一切都按照他想的方向发展，如果不是这样的，他就会用自己的方式表达不满。

◎宝宝开始学习性别辨认。

◎宝宝不会总是合作。

◎宝宝碰到陌生人依然会退缩。

◎在小朋友间有自己的主张。

◎总是希望寻求到赞同。

◎在不断的实践中，他会有成功的愉悦感。

◎当受到限制、遇到“困难”时，仍然以发脾气、哭闹的形式发泄因受挫而产生的不满和痛苦。

经验★之谈 宝宝越来越淘气了，可能妈妈刚离开，他就弄出了状况，让妈妈常常疲于应对。当妈妈说“不”时，他无论是什么场合，都会使劲地哭闹来反对，有时让妈妈无所适从。刚开始妈妈可能还能够忍受，渐渐地次数多了，妈妈的脾气也上来了。起初妈妈会忍不住吵他几句，后来妈妈可能忍无可忍了，就抬手给他一巴掌。事后妈妈又后悔极了不断地谴责自己。

其实有一个办法避免这种情况的发生：一是要有充分的思想准备，出现任何状况时去解决就行了；二是在打宝宝之前，先深呼吸10秒钟，这样气也许就消了；三是打了宝宝后要找机会告诉宝宝妈妈是爱他的，打他是因为他做的那件事情是不对的。

行走能力的培养

10～11个月的宝宝已经站得很稳了，爸爸妈妈可拉着宝宝的双手训练宝宝向前跨步走。开始训练时，爸爸妈妈最好用两只手拉着宝宝的手进行。因为刚开始走路时，宝宝大多会有恐惧心理。而爸爸妈妈用两只手拉着宝宝的手则会增强宝宝的安全感。在训练一段时间之后，就可试着用一只手拉着宝宝进行训练，直到宝宝可以一个人走路为止。爸爸妈妈需要注意的是，在开始进行训练时，一定要防止宝宝摔倒，因为摔疼之后宝宝会对走路产生畏惧心理，进而影响宝宝以后的行走。

当宝宝可以不在爸爸妈妈的帮助下能走数步后，可在宝宝目视到的地方放上宝宝感兴趣的玩具，引导宝宝去取，以锻炼宝宝独自行走的能力。

继续训练宝宝的大动作

在这个时期，宝宝已经能够很好地手膝并用爬行了，并且他能保持上身与地板平行。但也有一些宝宝会跳过爬行阶段，从小手撑在地上挪动臀部滑行直接进入站立阶段。

宝宝能有自信地坐着，甚至还能扶着家具走上几步，也许他还会放开小手，独自站立片刻。如果妈妈扶着宝宝做好走路的姿势，他会迈步；站着的时候，可能还会试着弯腰从地上捡起玩具。即使宝宝还没开始走，带他走向独立的第一步也很快就会到来了，妈妈可以多给宝宝一些机会练习这些新技能。

多数宝宝会在10～12个月迈出人生第一步，有的宝宝一开走就比较稳，也有的宝宝走得跌跌撞撞的，让妈妈很是为他捏一把汗。但到了14～15个月时，就已经走得很好了。

握物训练

妈妈准备一些宝宝喜爱的玩具，如积木、小车、小球等，递给宝宝。宝宝从大人手中接过一个玩具时，可能会因握不紧玩具而使玩具掉落，爸爸妈妈将掉下的玩具拿走且不还给他，再给他一个新玩具，他就会明白玩具掉下来就会失去，促使他想办法调整手指的方向直到拿稳为止，这需要经常练习。宝宝用3个手指拿玩具时，玩具离开手心能拿得很稳，不易掉下。宝宝学会从爸爸妈妈手中接过玩具，或者自己从桌上拿起玩具，都要用3个手指，而非大把去抓，表示宝宝前3个手指握物的技巧有了进步，是两个手指捏物的前奏。

观察宝宝握物时的手形能够判别宝宝的握物能力。最好的握物方法是用前3个手指，即拇指、食指和中指。3个手指中以拇指为一面，食指和中指在另一面，物体离开手心。

这种握物的方法出现得较迟，只有少数180天前的宝宝能做到。其次是掌握物，拇指与其他4个手指相对，物体可以在手心，也可以离开手心在5个手指之间，这两种方法都可以在160～180天内出现，物体离开手心才便于对敲。

锻炼宝宝手眼协调

宝宝的这项能力需要视觉、手的抓握能力和神经系统发育的综合配合。现在宝宝多半可以拍手，让两只手里的物体互相碰撞发出声音了。有的宝宝已经可以把东西放在一个容器里，但是还不会取出来，只会倒出来。妈妈可以给宝宝多做示范，引导他观看，鼓励他自己尝试去做。慢慢地，他也会做到的。

多训练宝宝的手指

宝宝的手指正变得越来越灵巧。他已经能够用拇指和食指像钳子似地把小东西捡起来了。宝宝对小东西充满了好奇，而且他仍然喜欢把它们放到嘴里“品尝”一下。所以这时妈妈要注意他身边是不是有一些不安全的小物品，要让它们远离宝宝。

另外，妈妈也可以准备一些可以吃的小的食物来训练宝宝的手指。选择宝宝手抓食物的一个基本原则是，让宝宝拿不回在水里溶化的东西，而且不能过小、过圆。比如煮熟的小块蔬菜、面条和削皮切成小条的水果，都是适合宝宝用小手抓着吃的食物。

经验★之谈 宝宝可能对某些熟悉的玩具感到厌烦了，如果他对某些玩具不感兴趣，暂时将它们收起来，过一段时间再拿出来给他玩，他又会对这些玩具感兴趣的。

训练宝宝的视觉辨别能力

宝宝的视觉辨别能力，包括对形状、色彩和空间变化的认知和分辨。视觉辨别能力的培养对宝宝未来的数学学习是有帮助的。平时和宝宝做游戏时，妈妈可以设法加入这些内容，比如在宝宝吃辅食时，妈妈可以有意识地把一些食物做成不同形状，引导宝宝观察理解。

鼓励宝宝多和小朋友交往

妈妈可能发现，现在的宝宝不仅喜欢和同龄的宝宝一起玩，更想去和比自己大的小朋友玩。他会开心地坐在其他宝宝的旁边自己玩儿，他还不会和他们一起玩。为宝宝找一些经常在一起玩的小朋友，是鼓励宝宝发展社交技能的好方法。但是，妈妈要知道这个年龄的宝宝仍然太小，还不能理解交朋友是怎么回事。

安排宝宝和小朋友一起玩可以为他学习与别人交流、互动打下良好基础。同时，宝宝可能从这些小朋友身上学到新的玩法。对于妈妈来说，这样做还会有一个额外的收获，爸爸妈妈之间可以互相支持和鼓励。

经验★之谈 一旦宝宝能够自己从杯子里喝水，妈妈可要当心一点，要躲着他扔过来的杯子，因为他喝完水后，也许会轻轻地把杯子放下，但也很可能会把杯子扔出去。还是应该多加注意。

培养宝宝的独立性

再过几周，宝宝就要过一岁生日了，他不再是一个处处需要妈妈照料的无助的小婴儿了。虽然他现在还需要妈妈很多照料和呵护，但他已变得越来越独立了——他的独自站立、弯腰和下蹲等动作，可以清楚地表明了这一点。

宝宝也许可以拉着妈妈的手走路了，而且他还会伸出他的手臂和腿来配合妈妈给他穿衣服。吃饭时，他也许能够自己拿着杯子喝水了，并且还会用手抓食物。对于宝宝这种独立的表现爸爸妈妈应该表示赞赏，而不是处处都代劳。

多和宝宝聊天

现在宝宝正在开始明白很多简单词语的意思，所以，这时候不断和他说话比以往任何时候都更重要。妈妈应该用成人的语言把宝宝说的词语再重复说给他听。在这个阶段，妈妈要尽量避免使用儿语了。

和宝宝对话是鼓励他提高语言技能的一个好方法。当宝宝呱啦呱啦说着含糊不清的句子时，妈妈要及时地回答说："哦，是吗？真有意思！"这时，宝宝很可能会非常开心地继续说下去。不久，妈妈可能会懂得宝宝的一些词语或者手势的意思了，还能明白他指指点点是要干什么。这时期有一个非常简单但很重要的方法：当宝宝指着一个东西时，妈妈一定要马上告诉他这个东西的名字，或者妈妈主动指着东西说出名字，这样能帮助宝宝学习事物的名称。

妈妈可以随时随地把妈妈自己正在做的事情讲给宝宝听，不管妈妈是在做饭还是在叠衣服，或是在逛超市，妈妈都可以不断告诉宝宝，虽然这看起来有点傻。例如，把宝宝放到婴儿车上时，妈妈可以对他说："来，坐到你粉红色的婴儿车里去。把你的腿分开。现在，我来给你扣上安全带，你坐得舒服吗？好了，咱们现在去逛超市！"宝宝很快就会开始把词汇和意思联系起来。用不了多久，他就会看着妈妈叫"妈妈"，看到爸爸走进房间就叫"爸爸"了（不过在这个阶段，宝宝还是会混用"爸爸"、"妈妈"这两个词的）。

如何培养宝宝的认知能力

在这个月要继续加强宝宝的认知能力培养，促进宝宝的语言发展。

◎看图识物

继续看图识物，不过这次我们要换个地方进行了。带宝宝到动物园并拿一些动物卡片，看到动物后告诉宝宝动物的特点，如小白兔的长耳朵，大象的长鼻子等。复习几次后，指着卡片上的大象问："大象有什么呢?"宝宝会指鼻子。内容每次不宜过多，从一个开始练习，时间1～2分钟，不宜太长，必须是宝宝感兴趣的东西，不能强迫指认。

◎教宝宝认识大小

前面我们已经教过宝宝认识大小了，相信宝宝已经能够分辨了，这个月我们只需要继续巩固这个成果。把宝宝喜欢的食物大小各取一块放在桌上，告诉宝宝，"哪个小"，看看宝宝能不能拿对，拿对了就奖励给他吃。也可以购买一些叠叠碗，让宝宝有直观的认识。

给宝宝讲道理

给宝宝讲道理，也许妈妈觉得完全行不通，今天妈妈给宝宝说的道理，到了明天多半就记不住了。但是现在给宝宝设定某些界限，并开始教他一些重要准则，是非常有必要的。什么是对的，什么是错的；什么是安全的，什么不安全的。妈妈的判断就是最好的指导原则。比如，妈妈不让宝宝吃第二个小蛋糕，就不能因为他哭闹而再给他。

如果他去摸插座，妈妈应该把他的手拿开，看着他的眼睛，严厉地对他说："不行，危险。"虽然宝宝对探索的渴望，胜过他想听妈妈警告的意愿，但是妈妈有责任保护他、教育他。妈妈给他定下的这些规矩，经过妈妈无数次的坚持后，他就会明白了。但这些规矩不能太多，不能抑制了宝宝的好奇心和探索欲。

宝宝的智能

11~12个月

宝宝的感官和心智发育

1周岁是一个标志性的阶段，有的宝宝已经会独立行走了，这样宝宝的活动范围和视野更开阔了，感官和心智都得到了极大的发展。

◎会辨认图片中的动物和一些常见的物品。

◎会用惊叹词，例如“oh-oh”。尝试模仿各种词汇。宝宝的嘴里不断涌出一个个词语和像说话一样的声音，而且他正在用这些词语表达自己的想法。

◎虽然宝宝还不会一页页像模像样地看书，但现在他很可能已经喜欢翻着书页、陶醉在精美的图画书里，比如介绍色彩与形状的益智画册。

◎宝宝的注意力能够有意识集中在某一件事情上，而且相当专注，这是宝宝的学习能力很大的提高。

◎听得懂大部分对他说的话，并给予回应。有的宝宝可以用挥手表示“再见”。会摇头，但往往还不会点头。

◎通过他自己的尝试，了解到物品和他是分别存在的，他开始将自己看成周围世界的一部分了。

◎对事情可以记得较久，能够识别许多熟悉的人和物体的名字。如果没看到东西但记得它最后的位置，就会去寻找。

◎开始对小朋友感兴趣，愿意与小朋友接近，一起玩游戏。

◎看到妈妈抱别的宝宝，他会表现出生气、着急。

宝宝的社交能力方面的发育

快满1周岁的宝宝，遇到熟悉的会竖起食指告诉别人他快1岁了，这个时候宝宝更加喜欢与人交往了。

◎宝宝会注意任何喜欢的东西，会拥抱、喂食来表现对柔软玩具的喜爱。

◎在要求下会亲吻。

◎和爸爸妈妈分开时会有强烈的反应。

◎害怕陌生的人和地方。

◎常常坚持自己吃东西，可能还会要自己脱衣服。

◎会给玩具和拿玩具。

训练宝宝的蹦跳

多数宝宝已经会走了，但是，现在对他来说，最好的大动作训练还是爬行和增强下肢的力量。屈腿蹦跳就是个很好的练习，可以让宝宝在弹簧床上、沙发上或者妈妈的腿上蹦跳。除了有助于锻炼下肢的力量，屈腿蹦跳还能提高膝关节屈伸的协调性，对宝宝的行走也是很有帮助的。

如何培养宝宝的语言能力

宝宝现在多半已经可以说个别单字了，这真的太棒了。妈妈不要着急，距离宝宝能说两个字，还是需要一段时间。宝宝发出的“音”开始有了具体意义，他常常用一个单词表达自己的意思，如“走走”，根据情况，可能是表达“我要出去”或“妈妈出去了”；“饭饭”指“我要吃东西或吃饭”。为了促进宝宝语言发育，可结合具体事物训练宝宝发音。在正确的教育下1岁的宝宝可以说出“爸爸、妈妈、姐姐、走、拿、抱、不”等几个简单的词。

锻炼宝宝的动作能力方法

只要宝宝不厌烦，妈妈就可以想尽办法让他反复练习动作能力。妈妈可以鼓励他串珠子，给玩具归类（按形状、颜色、大小等），也可以给日常用品（小袜子、鞋子）等归一归类。这种生活中的游戏，宝宝会很乐于参与。如果细心观察，可能会发现，宝宝现在对圆形和红色的物品会很感兴趣。

宝宝尝试自己动手

随着宝宝各种能力的增强，他的独立意识逐渐凸显出来，越来越不愿意听从妈妈的指挥，更想自己做一些事情。当他想自己穿鞋子时，不要着急，等他自己穿，当他用求助的眼光看着妈妈时，妈妈再帮助他。妈妈可以给宝宝更多的自由，妈妈需要做的就是在身边引导和陪伴。任何事情都可以让他去尝试，只要是安全的。宝宝独自玩得正开心时，尽量不要打断他的兴致。妈妈也可以给宝宝准备个玩具娃娃，让他学习照顾别人，他会很乐于这样做的。

当好宝宝的听众

随着宝宝大脑的发育，他的推理判断和语言能力也在不断加强。这时，妈妈要做个热心的听众，并对宝宝的声音做出积极回应，来鼓励他对语言的兴趣，帮助他理解双向沟通。在这个年龄，宝宝很可能会模仿词语的发音和音调的变化了。他也许能够执行简单的单步指令，比如“请把球给我”或“把小匙捡起来”。妈妈可以把复杂的指令分解成比较容易的单个步骤，借助手势强化指令，来帮助宝宝学习。

一定要珍惜这个宝宝沟通技能萌芽的时期，这个阶段虽然短暂，但绝对不同寻常：这时培养的能力是宝宝一生中最需要的能力——沟通。

经验★之谈 妈妈在给宝宝选择玩具时，要考虑到玩具是否容易清洗、消毒。带有木刺的或坚硬的玩具容易擦伤宝宝，不宜选择。

引导宝宝迈开人生第一步

学会走路，意味着宝宝脱离了完全依赖于爸爸妈妈的时期。每一个宝宝在学会走路的那刻起，就意味着通往外界的大门在他面前敞开了，他可以独立地去探寻这个神秘的世界。那么，爸爸妈妈该如何引导宝宝走出这人生的第一步呢？

◎小栏杆法

可以让宝宝扶着家里某处的小栏杆练习走，妈妈拿着玩具逗引宝宝，鼓励宝宝向前迈步。

◎纸箱法

找一个比较坚固的纸箱，让宝宝推着往前走。

◎木棒法

妈妈或爸爸双手拿着小木棒的两头，让宝宝抓住木棒的中间部位，一步步后退着引导宝宝向前走。大多数宝宝初学走路的姿势是：手臂弯着向身体两侧张开，迈着外八字步，挺着腹部、撅着臀部来保持平衡。同样，妈妈一定要给宝宝准备一个柔软安全的环境，让他放心练习新本领。练习之前准备好相机，准备随时捕捉宝宝成长的精彩瞬间。

宝宝体能的训练培养方法

通常，一谈到宝宝的智力发展，爸爸妈妈首先想到的就是要让宝宝通过数数、读诗、看图识物或认字的形式提升宝宝的智力。可以说，很少有爸爸妈妈会把宝宝的智力发展与运动联系起来。而实际上，运动对宝宝的智力发展可以起到非常重要的作用。

在运动中，宝宝的骨骼和肌肉能够得到充分的锻炼，提升宝宝的身体平衡性和动作灵活性，使宝宝的小脑与大脑紧密联系起来，促进脑的发育，进而使宝宝的智力得到提升。所以，为了宝宝的健康发展，爸爸妈妈一定要注重培养宝宝的运动能力。

本阶段，宝宝运动的能力已经有了明显的提升——站得更稳了，爬得更快、更灵活了，并且可以独自行走、下蹲、转弯了。在这种情况下，家长要有意识地继续培养宝宝的运动能力。比如，帮助宝宝走得更稳，提升宝宝转弯、下蹲、起立的能力。在此过程中，宝宝既可熟悉周围的环境，认识一些新的事物，提升认识的能力，而且周围的某些事物还极有可能对宝宝产生一些影响，使宝宝产生一定的联想，进而提升宝宝的想象能力。

由此可见，运动对宝宝的生长和发育是很有益处的。所以，爸爸妈妈要尽量给宝宝创造运动的条件，以使宝宝的运动能力不断地得到提升。但在这期间，爸爸妈妈一要注意宝宝的安全。也就是说，宝宝的运动必须建立在安全的基础上。

如何培养宝宝的认知能力

在这个月要继续加强宝宝认知能力地培养，促进宝宝的语言发展。

◎学习红色

颜色是较抽象的概念，宝宝需要时间去慢慢理解。介绍颜色要一种一种地认。这个时候宝宝最感兴趣的应该是红色，找一个红色的球，告诉他这是红色的，下次再问“红色”，他会毫不犹豫地去指皮球。这时可再取2～3个红色玩具放在一起，肯定地说“红色”。

◎识物

帮助宝宝认识每一个接触到的东西和名称——教得越多，宝宝的词汇量就增加得越快。妈妈可以在上楼梯的时候给宝宝数台阶，买东西的时候告诉宝宝水果和蔬菜的名字和颜色。妈妈也可以给宝宝朗读图画书，并让他指出认识的东西，说出它们的名字。偶尔也鼓励宝宝发表一下意见：问问他愿意穿红袜子还是蓝袜子，想玩积木还是洋娃娃。一次只给宝宝两种选择，而且都放在他面前。宝宝也许不会回答，但也可能会让妈妈大吃一惊哦！

经验★之谈

宝宝有了与小朋友交往的愿望，爸爸妈妈应尽量为宝宝多提供和其他小朋友在一起的机会。

为宝宝创造安全自由的空间

在本阶段，宝宝随着身体的不断成长，好奇心也在逐步提升，活动的能力也在逐步增强，同时宝宝的独立意识也逐步提升。对来自爸爸妈妈的关心或帮助，此阶段的宝宝有的会表现出抵触情绪。也就是说，宝宝自此开始已经不再完全依赖爸爸妈妈了，而有些宝宝甚至喜欢一个人爬上爬下（比如爬椅子、沙发等）。可以说，这种表现一方面让爸爸妈妈很欢喜，而一方面又让爸爸妈妈很担忧。喜的是宝宝已经能够自由独立地活动了，忧的是在活动的过程中存着很多的安全隐患，威胁着宝宝的安全。显然，在这种情况下，一个自由而又相对安全的空间对宝宝和爸爸妈妈来说是非常重要的。这就要求爸爸妈妈在放手给宝宝自由的时候，要为宝宝创建一个安全的活动空间。如此，宝宝才能玩得快乐，家长才能放心。

多给宝宝做游戏的时间

对于本阶段的宝宝而言，生活的大部分内容就是玩。而宝宝生性好动，所以这时候妈妈要给宝宝留出足够多的时间来让宝宝尽情地做游戏。在游戏当中宝宝不仅能够享受到无尽的快乐，同时宝宝的各项能力还能够在游戏之中得到锻炼。不仅如此，妈妈还要仔细观察宝宝平时都将注意力放在哪类玩具上，再根据宝宝的兴趣拓展宝宝游戏的范围。

让宝宝拥有良好的情绪

在日常生活中，不论是对妈妈而言，还是对宝宝而言，有一个良好的情绪都至关重要。妈妈拥有良好的情绪，会对自己的更加爱护，给予宝宝更多的爱；而宝宝拥有良好的情绪，则会更加热情地探索对自己而言完全未知的世界，并从这一过程中收获乐趣、收获信心，从而形成一个良好的发展方向。更为关键的是，宝宝拥有良好的情绪，过得开心快乐，爸爸妈妈也会跟着开心快乐。无疑，这样的家庭氛围对宝宝的成长是绝对有利的。

宝宝的智能

1~1.5岁

宝宝的运动能力的发育

1周岁后宝宝的运动能力有了极大的提高，我们先来了解一下，以便进行针对性的训练。

◎宝宝走得稳当多了，不但在平地上走得很好，而且很喜欢爬台阶，下台阶时还知道用一只手扶着。

◎能够很好地蹲下并能蹲一会儿了。

◎学走早的宝宝，已经不再满足于走路了，可能会试图跑起来，但是身体控制得还不是特别好，两条腿配合得还不是很协调。

◎会借助小凳子、桌子、沙发等物体往高处爬。

◎会扶着栏杆或其他物体，抬起一只小脚丫，把脚下的皮球踢跑。

◎宝宝双手运用能力提高了，能够单手扔球，但是还不能把握方向，有时宝宝看着一个方向，但球扔到另一个方向。

◎宝宝对音乐很有感觉哦，喜欢跟着音乐跳舞，手舞足蹈的。

◎用一只手就能拿好奶瓶，宝宝可以用杯子喝东西，还热衷于自己拿着小匙吃饭,但还是避免不了经常撒到外面。

◎一些宝宝已经会涂鸦了，而且还很喜欢。

◎拇指和食指、中指可以很好地配合,可以用食指和拇指捏起线绳一样粗细的小草棍。

◎宝宝会把一只手指插到瓶口中。甚至只要看到有孔的地方，宝宝都会把自己的手指放进去。

◎尝试一次拿很多东西，而不是一件件的去拿了。

宝宝认知和语言方面的发育

宝宝1周岁后认知上了一个新的台阶，达到了“顿悟”。现在他能够借助工具拿取够不到的东西，比如：搬来凳子，站在上面，够桌子上的东西。“顿悟”，不但是宝宝运动能力、协调能力的进步，更是宝宝分析和解决问题能力的提高。语言能力也将在一岁半时发生飞跃，从说单词到说句子。

◎宝宝的记忆力已经非常好了，能记住自己喜欢和讨厌的东西。

◎能够认出10种以上的常见物品，还能够指认。

◎可以辨别简单的形状，把不同形状的积木插到不同的插孔中。比如：能够完成3个以上的拼图游戏。

◎能够分辨出什么能吃，什么不能吃,什么喜欢吃，所以宝宝很可能开始挑食了。

◎开始理解物品的归属，并能够用语言表达出来，如“妈妈的……”

◎对“里面、上面”等空间概念有了初步的理解，但还不能运用。

◎过了1岁，宝宝几乎没有无意识的发音了，宝宝的语言含义越来越清晰。

◎宝宝的词汇量开始猛增，他现在能把两个词放在一起说，比如“我去”或者“你放”。

◎在一岁半左右的某一天，妈妈会惊讶地发现宝宝可以说出简单的句子了，并且主谓表语成分都能说全了。

◎宝宝非常喜欢听故事，还喜欢自言自语。

◎宝宝不但能指出自己身体部位的名称，还能指出其他人的身体部位。

进行听说话的训练

宝宝学说话都是从听说话开始的。对于宝宝来说要随时给他提供听说话的环境，这样才能激发他说话的兴趣。最简单的方法就是随时告诉宝宝自己正在做什么，如在洗衣服时，可以对宝宝说："妈妈在给爸爸洗衣服，爸爸的衣服是橙色的。"还可以将宝宝正在做的事讲给他听，宝宝在玩积木，妈妈可以说："宝宝在玩积木，真乖，这个圆柱形的积木真好看。"这种语言环境的作用在于开拓宝宝的"听说系统"。

在与成人交往时，宝宝是在最初自发发音的基础上和视、听、触的过程中，又通过生活活动和游戏，进而逐渐模仿成人的语调和语速，这时也就是学会了说话。为了能够让宝宝顺利地理解和模仿爸爸妈妈的话语，在对宝宝进行听话能力训练的时候，爸爸妈妈可适时选用较慢、重复的话语与宝宝讲话。

宝宝情感的发育

进入幼儿期的宝宝情感上更丰富，并且已经完全成为社会的一员，开始了自己的社会生活。

◎此时的宝宝已明显表现出不同的气质类型，活泼好动的宝宝会更加喜欢到户外玩耍；温和安静的宝宝则更愿意自己鼓捣、钻研心爱的玩具。

◎宝宝反应能力越来越快，当看到小朋友手里拿着玩具时，能够快速地把玩具从小朋友手中抢过来。

◎"不"是宝宝现在最喜欢说的字，"我"的意识在他的小脑瓜中进一步增强，虽然宝宝只有1岁多，但他自己去决定一些事情的愿望非常强烈。爸爸妈妈一定要尊重宝宝的个性发展，尽可能地理解宝宝、最大限度地包容宝宝，和宝宝进行对等的沟通。

◎对恐惧的经历印象深刻。

◎能自己摘帽子、脱鞋、袜和手套。喜欢拉拉链、扣扣子，还尝试自己洗手、洗脸。

◎会称呼除爸爸妈妈之外的3～5个亲人，如奶奶、爷爷、叔叔等。

◎对妈妈的指令能够很好地理解和执行。

◎对小朋友开始越来越表示亲近。

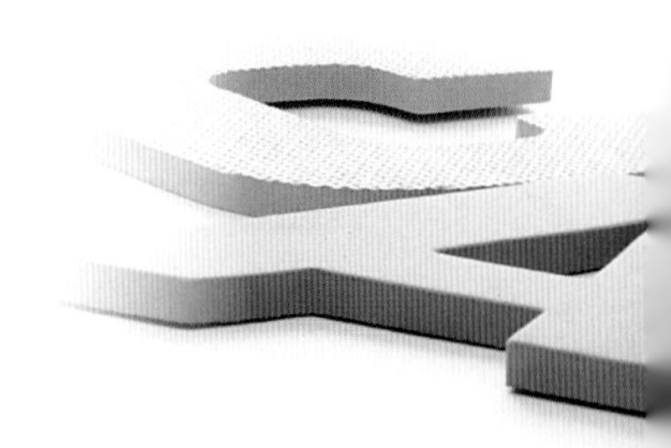

培养宝宝的认知能力方法

宝宝的语言和思维都是建立在认知基础之上的，所以这个时期要继续进行认知能力的训练。

◎学习红、黄、蓝、绿等色

在宝宝能够准确地认识红色后，逐渐教宝宝认识黄、蓝、绿等色，重点要分清近似的颜色，如蓝色和绿色。

◎冷暖的感知学习

准备两个杯子，一个杯子里装稍烫的水，一个杯子里装冰水，握住宝宝的手触摸烫的杯子，问他："烫吗?"多次练习后，再遇到热粥、热水时他慢慢能说出"烫"这个词。再让宝宝摸一摸装冰水的杯子，说"真凉"，用对比强化感觉。

◎认识"2"

宝宝已经学会用竖食指表示"1"，现在开始教他竖起中指和食指表示"2"。

◎认识自然现象

天亮了太阳出来了，天黑了星星和月亮出来了。有时也没有太阳，是阴天，或者下雨了，下大雨时会出现闪电和打雷。通过讲述，使宝宝认识大自然的各种现象。

◎认识图形

和宝宝一起看图片，边看边说："这是一个方盒子，那是一个圆皮球。"反复教认后，找实物来辨认什么是圆的、什么是方的。

正确批评宝宝及时改正错误

◎对宝宝所犯的错误要具体分析，看看哪些属于正常范围内的淘气、顽皮，哪些属于超越了正常范围的坏习惯。对于前者不要过分追究，只要告诉宝宝正确的做法即可。对于后一种行为，应采取心平气和的态度，对宝宝摆事实、讲道理，让宝宝知道，错在哪里。纠正错误的方法应使宝宝心服口服，使批评达到应有的效果。

◎批评内容要具体。宝宝的知识经验和认识水平毕竟有限，认识事物的方式常常是比较直观的、具体的。因此可以结合具体事例对宝宝进行说服教育。爸爸妈妈通过对具体事例的分析，用简明生动的语言，向宝宝说明应该怎样做，不应该怎样做，而不应该讲一些抽象的大道理，不但宝宝听不懂，而且容易使其产生逆反心理。另外，因为宝宝的注意力还不够稳定，容易分散和转移，所以过长的说教对宝宝来说是徒劳无益的。

◎批评时要讲究说话的艺术，充分利用“非语言信息”的作用。和宝宝讲话时嘴上不要总老挂着“不”字，而应该说：“我知道你会把……做好的。”同时，家长还要注意表情、态度、语气和音调等“非语言信息”对宝宝教育的重要作用。对于宝宝来说，他主要使用具体形象思维，还不理解那么多道理，但他很容易在情绪上接受外界的影响，能很快理解这些事情的含义。

◎批评时要注意尊重宝宝的独立性和自尊心，不宜强制宝宝服从爸爸妈妈的意志，而应正确引导和鼓励宝宝自己去负责、去弥补错误。宝宝敢对爸爸妈妈说“不”，也不一定就是坏事。我们应听听宝宝的心声。

◎不能对宝宝管教过严。生活中常可以看见一些宝宝，年纪轻轻却是一副老气横秋的模样，完全失去儿童天真的本性，原因多是爸爸妈妈管教过于严格。特别是独生子女家庭的宝宝，成长在一个成人的世界，使其不得不迁就成人的环境，在潜移默化中被教育成一个“小大人”。这些宝宝中规中矩，对爸爸妈妈百依百顺，或许这种不惹麻烦的宝宝是许多爸爸妈妈心目中的“好宝宝”，可是时间长了却夺走了宝宝天真烂漫的本性，造成宝宝软弱、依赖的性格，这样不利于宝宝创造力的发挥。

训练宝宝自己的事情自己做

宝宝已经成长到1岁半了。不能再是“衣来伸手，饭来张口”了。从这个时期开始就应该注重训练宝宝的自理能力，妈妈要有意识地培养宝宝自己的事情自己做，如开灯、挤牙膏等。但是，不能超过他的能力范围。

◎学习漱口

教宝宝学着妈妈的样子，含一大口凉开水在嘴里，然后鼓腮、让水在口腔里反复流动，将食物残渣、残汁漱出，之后把水吐出来。宝宝每次吃完东西、睡前、起床都要督促他漱口。开始时妈妈要小心，宝宝多半会把水吞下去，所以要用凉开水。另外，宝宝会吐到身上，可以在漱口时围上围嘴。

◎让他自己吃饭

宝宝吃饭时尽量让他自己吃，虽然他会到处撒，也要坚持让他自己坐在自己的餐椅上自己吃，不要怕他没有吃饱，也不要嫌他吃得慢，着急去喂他，甚至端着碗跟着宝宝，让宝宝边玩边吃。如果不从现在起培养，将来宝宝一直都需要喂，有的宝宝到了5岁了吃饭都还得喂。

◎教宝宝说出自己的需要

一岁多的宝宝大多能说一些常用的字、词，甚至是简单的句子了。爸爸妈妈要引导宝宝把自己的想法和需要说出来。让宝宝明白，无论有什么愿望和需要，只有说出来，才有可能被满足。同时，这样也能利于进行排便的早期训练。

◎学习用杯子

爸爸妈妈给宝宝示范，让宝宝学着爸爸妈妈的样子把嘴放到杯子边直接喝。

经验★之谈 有时，爸爸妈妈会喜欢自己宝宝的独立性，并且鼓励宝宝这样做。但是当失去被需要的感觉时，又会彷徨起来。在宝宝走、吃、玩的时候，他会抑制不住自己的冲动，迫切地想要帮助他。但此时，爸爸妈妈必须拿定主意，忍住这种欲望，因为事事包办只会阻碍宝宝走向独立。

训练宝宝说话

语言的学习，一是要培养宝宝学习的兴趣，二是要给宝宝创造一个学习语言的环境。所以爸爸妈妈要热情地与宝宝交谈，在交谈中要注意以下几点：

◎不要试图纠正宝宝的语法错误，对宝宝说的话要采取肯定的态度，尽管有时不知道宝宝在说什么，也不要表现出来。

◎只要宝宝在说话，爸爸妈妈就要认真倾听，而不是心不在焉。

◎爸爸妈妈最好蹲下来，和宝宝的视线在同一水平上，看着宝宝，认真地听宝宝说话，并给予积极的回应。

◎使用语法结构简单的短语，比如喂宝宝吃苹果时，可以对宝宝说“我们来吃苹果”。

◎和宝宝说话时要声情并茂，让宝宝感受到语言的感染力。给宝宝念儿歌或讲故事时要抑扬顿挫，让宝宝体会到语言的韵律，感受语言的魅力。

和宝宝一起读书

如果妈妈一直给宝宝读书，那么现在可以一起分享一个故事了。这里介绍几个亲子阅读的小技巧：

◎每天重复读一本书

最好选择12本简短的图画书，重复读给宝宝听。一本书每天读1遍，读一个月后再换另外一本。

◎搂着宝宝为他读书

宝宝都喜欢被爸爸妈妈抱在怀里，边听故事边玩弄书。让宝宝坐在妈妈腿上，用手臂轻轻围住他，给他讲故事。

◎读书、看书时间不要太长

宝宝的注意力集中的时间还有限，每次读书不要超过10分钟。

◎准备色彩鲜艳、生动有趣的图书

一边给宝宝讲述，一边握着宝宝的小指认。通过这样的方式，锻炼宝宝对语言、节奏、色彩的认知能力。

1.5~2岁

宝宝的运动能力的发育

宝宝两岁时运动能力都有极大的提高。

◎宝宝走路时，两条小腿之间的缝隙变小了，姿势更加准确，走和跑也更稳了。

◎上、下楼梯现在对于宝宝来说，已经很轻松了。

◎宝宝很喜欢跳，不但能在平地上跳，还能从台阶上往下跳。

◎熟练开门、关门，甚至有的宝宝会转动门把手锁门了。

◎有些宝宝可以把三轮车蹬起来。

◎喜欢做“再见”等动作。

◎能够把一张不干胶贴在物体上。

◎可以把硬币放进存钱罐。

◎喜欢捏橡皮泥，喜欢玩拼图游戏。

◎拿蜡笔涂鸦的姿势逐渐发展为成熟的握笔姿势，并且妈妈可以给予适当的指导。

训练宝宝说话

这个时期，妈妈发现家里多了一个“十万个为什么”，妈妈说什么问题，宝宝都会问：“为什么呢？”这说明宝宝的认知水平有了更大的提高，他渴望获得更多的知识。

◎宝宝的形状感知能力更强了，能够比较出一些不同物品的差异，比如物品的大小。

◎宝宝现在不仅仅局限于知道物品的名称，他渴望妈妈给他讲解关于这个物品更多的知识。

◎可以分出自己的左、右手。

◎有前后左右的方位感、空间感。

◎知道红、绿灯的含义，并开始有交通安全最初的概念。

◎宝宝对疼痛和冷热有非常强烈的感觉。

◎记忆力增强，能够在头脑中形成图像、组织分类，并能够按顺序排列东西等。

◎宝宝越来越意识到男女的区别了。女宝宝会开始模仿女性的行为，而男宝宝则会模仿男性。

◎宝宝有了一定的语言运用能力，在和爸爸妈妈的沟通上，开始尝试和爸爸妈妈“辩论”。

◎宝宝的词汇量剧增，会使用如热、冷、脏、怕、走、拿、玩、打等这些日常生活中的常用词。现在宝宝最爱说的词是“没了”。

◎学着自己看图书、讲故事，更喜欢看图编故事。

◎这个年龄的宝宝能声情并茂地使用语言，并完整地背诵简单的儿歌。

◎有些宝宝可以从一数到十。

◎宝宝会开始出现口吃，由于他的理解能力远远大于表达能力，宝宝的思想总是先于语言，口吃也就在所难免了。

◎宝宝能够唱完一首简单的儿歌，虽然他不太明白儿歌的内容。

经验★之谈

两岁以后宝宝有了性别的意识了，所以特别是男宝宝的爸爸应该多抽时间陪陪宝宝，不然宝宝整天跟着女性，会不自觉地去模仿女性的一些行为。

培养宝宝的认知能力方法

宝宝已经开始新的思考方式——用大脑思考问题了，对事物充满了联想。

◎认识性别

结合家庭成员教宝宝认识性别，如“妈妈是女的……”并表述女的会戴什么、穿什么。也可以用故事书中图上的人物问：“谁是哥哥呢？ 谁是姐姐呢?”不久宝宝就能够分辨性别了。

◎数数

宝宝对物品数量的认识是在对实物的比较中形成的，搜集大小质地不同的各类小物品，然后数“1”，就用手指拨动一个物品数“2”，用手指再拨动一个小物品。数数时必须以实物为基础来进行。数数的目的在于教宝宝认识到物体有数量，而不是让宝宝背下10个数字。

◎认识长短多少

用两支长度不同的笔让宝宝比较哪支长，哪支短。在生活中，经常结合实际，教宝宝多少、高矮、厚薄等。不一定要刻意地找时间来教，随处看到什么东西都可以教宝宝辨认。

◎教宝宝分清前后、左右、上下

把物品放在身前和身后，让宝宝明白前后。然后让宝宝将物品分别放在桌子上面或下面，练习分辨上和下。妈妈可以和宝宝一同站在大镜子前按口令摸自己的“右眼睛”、“左耳朵”、“左肩膀”、“右膝盖”、“左眉毛”、“右耳垂”等。使宝宝进一步认识身体部位和分清左右。另外，在给宝宝下指令时要强化上、下、左、右的概念。

◎认识各种形状

教宝宝认识圆形、三角形、正方形、长方形等几何图形。学习这种内容时，不要生硬教，可以在宝宝的生活中来引导，比如给宝宝饼干时可以问他：“你是要圆形的还是要长方形的呢？”

◎认识各种职业

教宝宝认识不同职业。如医生、护士、售票员、司机、老师、邮递员、厨师等。知道他们在什么地方，是做什么的。

◎认识住址

教宝宝认识自己家的楼号、楼层、门牌号等巩固宝宝记数据的本领。在快3岁时可以教宝宝记住妈妈或爸爸的电话号码，学习如何打电话。在记忆数字的同时进行安全教育。

◎介绍家庭

教宝宝介绍自己和家庭，自己叫什么名字，是男宝宝还是女宝宝，今年几岁了。能自己说清楚爸爸妈妈的姓名、工作单位、做什么工作。这些本领要分开逐样练习，学会一样，表扬一次，使宝宝很有自信地记住自己和家庭的事，成为家庭的一员。

经验★之谈 有的妈妈说自己是“路盲”，不知道宝宝以后是不是也是“路盲”。首先“路盲”是有一定的遗传性的，但在宝宝的小时候加强感统训练，加强对空间和方位的认知，可以有效地得到改善。

宝宝情感的发育 宝宝在整个两岁期间，有时非常地独立，有时又强烈地依附妈妈，这种情况通常摇摆不定。这个时期被称为“第一反抗期”。

这是宝宝的正常成长过程，绝对正常。当他需要的时候，给予宝宝关注和保护是帮他恢复镇静的最好方法。

◎宝宝尤其是在疲乏、生病或者恐惧时，特别需要妈妈的安慰，帮助他驱赶寂寞。

◎宝宝开始明白事儿了，开始明白哪些事情是不符合成人观点的。

◎喜欢模仿他人的行为，尤其是成人和比他大一点的宝宝。

◎除了自己，宝宝还知道其他人的存在，而且非常感兴趣，但他并不懂其他人的想法和感觉，依然按照自己的想法去思考。

◎和其他宝宝在一起时，开始显露挑衅性行为。

经验★之谈

1岁左右的宝宝很容易以自我为中心，很少了解其他人的感情，不高兴时，他会大叫或者毫无目的地踢打，而不会知道会伤害到其他人。所以妈妈要留心，如果与小朋友一起玩耍时发生矛盾，妈妈要及时地制止。

和宝宝一起读书

宝宝从小就要养成阅读的好习惯，在家里不管是图画书、小人书、画册、布做的书，都可以准备一些，宝宝是很喜欢看的。现在的宝宝还特别喜欢听故事，爸爸妈妈不妨陪宝宝一起看书，妈妈可以讲给他听，他会看着书上的图片目不转睛。这里有介绍一些亲子绘本。

◎《大卫不可以》

这本图画书的主角大卫，是一个和宝宝一样淘气的小男孩。每一页都画了大卫调皮时的一个情形，通篇只有一句妈妈说的话：大卫，不可以。然后到了最后一页故事结尾却是在大卫犯了错后，妈妈说："大卫乖，我爱你！"妈妈都应该制止宝宝的不良行为与习惯，但妈妈也知道犯了错的宝宝更需要母爱。

◎斯凯瑞系列

斯凯瑞的书主要是以认知为主的。以善良可爱的动物形象来模拟人类的行为，揭示了日常生活的秘密。书中信息量丰富，有许多精心设计的微小细节，以及天马行空般的想象，可以吸引宝宝长时间地观察和阅读，培养他们的观察力和想象力。

◎《猜猜我有多爱你》

这本图画书里有一只小兔子和一只大兔子。它们俩在比赛谁的爱更多一些。大兔子用智慧赢得了比赛和小兔子稍微少一点的爱，可小兔子用它的天真和想象赢得了大兔子多出一倍的爱。非常温情的一个故事，适合在睡前阅读。

◎《小公主故事》

一个不漂亮但是可爱的小公主讲述了宝宝成长过程中的点点滴滴。宝宝都有尿床的经历，小公主也是这样，但通过"小马桶"的经历，宝宝就能够和小公主一起学会自行排便了！这一系列绘本就是通过这样一系列的成长生活小事，让宝宝从中找到自己的影子，并轻松地学会各种问题的处理方法。

多让宝宝画画

视觉是多元智能中的重要能力之一，很多年轻的妈妈虽然也懂得视觉——空间智能训练和美术教育的重要性，但是面对整天“乱涂乱画”的宝宝真是感到爱莫能助。引导涂鸦期的宝宝，需要一些方法和技巧。

◎不要给宝宝很多种颜色，只给他一种他喜欢的颜色。要给宝宝像挂历纸一类的大一些的纸。

◎让宝宝用单色自由地去画，他立刻就能够画出和他年龄相符的作品来。另外，还要让宝宝多玩沙子和水，直到玩得满足为止，这会让宝宝多一些观察力和想象力。

◎两岁的宝宝，还不能充分地说明画的意思，也许画面很乱，完全不明白他的意思，这也没关系。

经验★之谈 现在宝宝可能非常喜欢在墙上到处创作他的作品，可能弄得妈妈非常地头疼，其实现在有一种用植物提取液制作的涂鸦笔，用清水就可以擦掉，就算没有擦，24小时后也会慢慢变淡的。这种笔在母婴用品店和一些玩具店、文具店都有卖的。如果在室外，妈妈可以找一支毛笔，让宝宝蘸水在地上画。

帮助宝宝度过叛逆时期

过了一岁半以后，宝宝就进入了所谓“第一反抗期”的时期。过去老实听话的宝宝，逐渐开始变得任性。其实，从宝宝的生理和心理发展的角度看，这种“反抗期”的表现是一种正常的现象。随着宝宝活动能力的增强，知识的不断丰富，的确会发生很大的变化。那么，怎样才能帮助宝宝度过这一特殊阶段呢？

◎情绪紧张的宝宝更易反抗。爸爸妈妈要放弃那种不分青红皂白的强硬态度，控制自己的行为，不要让抵触情绪控制自己，特别是在宝宝面前。

◎宝宝的危险意识不强，因此，他会做出一些可能会产生危险后果的行为，发现后，爸爸妈妈应立即制止，但事后妈妈要好好地和宝宝沟通，让他明白自己行为的后果，并表明妈妈是爱他的。

◎让宝宝学会与人合作，用语言表达自己的要求，但不能纵容他的坏习惯。

◎对宝宝的反抗行为不能一味放任，也不能过多地限制。放任容易造成宝宝任性和执拗；过多地限制会挫伤宝宝的自尊心，从而变得顺从和依赖，缺乏自立能力。

◎爸爸妈妈在了解了宝宝“反抗期”的特点后，要给予正确合理的处理方法。宝宝如果是因为事情没有按他的想法进行而发脾气，要表示理解，等他发泄后，帮他找到解决办法。如果是因为要求没有得到满足，可以冷处理，并把会造成伤害的东西搬开即可。如果是因为遭遇挫折，可以多让宝宝参加一些运动量大的活动。

2～3岁

宝宝的智能

宝宝的运动能力的发育

宝宝2～3岁时运动能力已经非常地强了。

◎宝宝的腿部力量增强，可以自如地蹲在地上玩，坐在小凳子上的宝宝，不再需要扶着东西，完全靠自己的平衡能力和腿力就能站起来了。

◎有的宝宝可能不再需要借助任何物体就能够单独上下楼梯。

◎他喜欢蹦来蹦去，不但会从高处往低处蹦，也开始从低处往高处蹦，而且还能越过障碍物。

◎宝宝能够很好地蹬自行车，但还不能很好地控制方向和平衡。

◎宝宝开始不满足于正常速度的跑步，想快速奔跑了。足部运动能力也越来越强，最喜欢踢球运动。

◎宝宝涂鸦的能力大大增强，不再是胡乱画，似乎有些得心应手了。他喜欢用彩色笔填充颜色，还能模仿画横线、竖线，虽然还有些弯弯曲曲，但是比过去进步了很多。

◎现在宝宝是妈妈的小帮手了，拿东西、剥蒜、递小匙都做得很好，上街还可以帮妈妈拎购物袋。

◎宝宝完全能自己吃饭，自己穿脱鞋袜、穿上面开口的衣服了。有些宝宝已经能自己洗脸、洗脚、扣扣子了。

宝宝认知和语言方面的发育

2～3岁的宝宝依然是“十万个为什么”，但宝宝的认知水平已经达到了一个新的高度。基本上宝宝已经能和妈妈完全对话了，虽然有时候还是会出现语法错误。

◎联想能力是创造力的源泉之一，宝宝现在会把不同形状的石子、树枝和一些物品联系起来。宝宝这种漫无边际的联想能力会让他越来越聪明。

◎宝宝现在有了思维能力和解决问题的能力。如果妈妈不让宝宝做什么，只要和宝宝讲明白，宝宝就会听从的。现在宝宝是通过思考来解决问题。这是幼儿发育上的里程碑。

◎宝宝理解并且形成了一些规矩，如果每晚都刷牙的宝宝，突然有一天妈妈忘记给他刷了，他会感到非常意外。尽量让宝宝生活中的大部分事情都保持一致，这样宝宝才能养成良好的习惯。

◎2～3岁的宝宝已经能够认识5种以上的颜色了。从红、绿、蓝、黄、黑开始认，但并不是所有的宝宝都按这样的顺序，很多宝宝对绿色和蓝色比较容易混淆。

◎能认识“大、小、山、水”等笔画少的字。

◎“口语爆炸期”。心理学家的研究表明，这个时期，每90分钟，宝宝就能学会一个新的词。今天还不会说什么的宝宝，明天突然会说很多话了。

◎会组简单的包含两个词的句子，能执行有两个步骤的要求，比如“把这个瓶子给宝宝，让他帮你打开”。

◎使用介词、形容词。宝宝开始在句子中使用介词，常用的有：里面、上面、下面、外面、前面、后面。

◎能熟练背诵简单的唐诗。

◎可以跟随录音机哼唱3个音阶以内的歌曲。

不要给宝宝说“不”的机会

宝宝现在非常地想要自立，如果妈妈告诉他要怎么做。他通常的回答是“不”。这样经常容易和宝宝发生正面冲突，所以最好不要给宝宝说“不”的机会。

现在的爸爸妈妈对待宝宝是十分民主的，常用征求意见的口吻跟宝宝说话：“乖，去睡觉了好不好？”“乖，不看电视了好不好？”这样宝宝的回答往往是“不”。其实在妈妈明知道宝宝会回答“不”时，就不要采取这种征求意见的口吻，而应该直截了当地说：“该睡觉了，现在我们去睡觉。”“时间已经到了，把电视关了。”边说就边要行动，不要给他讨价还价的机会。反复坚持，妈妈再这样说时，他就会知道没有商量的余地。

宝宝情感的发育

3岁的宝宝更加独立了，但宝宝的独立是通过任性来表现的。另外，这个时期宝宝的想象力极大地提高了。

◎宝宝能长时间地注意一个事物，独立地玩较长的时间。当宝宝全神贯注地玩耍时，不要去打断他。妈妈可以告诉宝宝“再玩10分钟就该睡觉了”，过一会儿可以再提醒宝宝“还有5分钟了”，这样宝宝会更容易接受，慢慢地，也会建立起时间的观念。

◎宝宝开始用语言来表达自己的心情，描述自己的感受。

◎宝宝有时愉快而友善，有时会烦躁而恼火。这种脾气变化是成长的一部分，他仍不能控制自己的情感冲动，因此他生气和遇到挫折时会哭泣、踢打和尖叫，这是他处理生活中遇到困境的唯一方式。

◎宝宝越感到自信和安全，就会越独立，而且表现可能也越好。鼓励他按照成熟的方式行事，可以帮助他发展这种积极的情感。

◎宝宝大部分玩耍时间可能用来模仿其他人的行为，妈妈会发现在模仿时，他使用的词汇和语调与妈妈完全相同。他会非常精确地模仿爸爸妈妈。这些活动能够使宝宝慢慢学会听从别人的建议。

◎理解“我的”或“他的”概念。

◎宝宝的注意力逐渐转移到了周围的小朋友身上，和小朋友玩耍时间开始延长。

◎开始主动与其他小朋友建立友谊，分享玩具，自发地对熟悉的小朋友表示关心。同时，宝宝也开始有了攻击行为，当他和别人发生冲突时，可能会动手。

选择合适的玩具 不同的玩具对宝宝有不同的帮助。妈妈可以根据当前宝宝的需要来选择合适的玩具。

◎动物玩具

可以提高宝宝的模仿力和想象力。动物玩具、动物卡通片和动物画册是宝宝认识世间事物好坏善恶最形象、最直观的比喻。比如，当宝宝看到大灰狼，会说“大灰狼是个大坏蛋”；看到小山羊就说“小山羊好可爱”等。

◎交通玩具

能够使宝宝的思维能力得到发展。交通玩具有很多种类，通过玩各种交通玩具，宝宝可以认识各种交通工具的名称、特征和用途，对培养宝宝的观察能力、思维能力、创造能力、模仿能力，以及扩大知识面都大有好处。

◎捏泥

可以开发宝宝的想象力和创造力。通过捏泥不仅锻炼了宝宝的动手能力，而且使宝宝的观察、思维和想象力、创造力都得到了发展。

◎智力拼图游戏

智力拼图是较为复杂的匹配图形的游戏，需要宝宝良好的观察技巧。玩拼图的过程中，既可以训练宝宝辨认相似形状的能力，还可以让宝宝看到实物是怎样彼此契合的。同时，这种特殊方式的观察，可为将来辨别字母形状做好准备。

◎化妆游戏

使用一些简单的道具就可以让妈妈成为医生，让爸爸成为警察。化妆游戏可以让宝宝分辨不同的任务和职业，或者学习不同的用语。

◎打电话的游戏

通过和爸爸妈妈在电话里对话，除了可以帮助宝宝学习说话的技巧之外，还能使宝宝通过判断和思考增加判断能力和对事物的理解能力。

教宝宝如何数数

3岁是宝宝计算能力发展的关键期。数数，就是让宝宝熟悉数的序列，这是数概念形成的基础。可是，教宝宝学数数，不要用让宝宝死记硬背，多用实物多想一些游戏，要让宝宝觉得好玩才行。

◎上楼时可以数台阶。

◎让他建立一些“数前概念”，例如给物品分类、分清大小、按顺序排队等。

◎宝宝的抽象思维能力还没完全建立起来，对枯燥的单纯说教不感兴趣，要利用实物来训练宝宝。

用阅读提高宝宝的语言能力

无论学习什么语言，都要有一个良好的语言环境。一般来讲，这个年龄的宝宝总是对自己感兴趣的图书爱不释手，并且三番五次地缠着妈妈和爸爸讲书中的故事。妈妈和爸爸应该抓住这个时机，尽可能地用形象生动的拟声语言给宝宝讲故事。

讲述中，要不时地提出一些相关的问题让宝宝回答。如果宝宝在爸爸妈妈讲故事的时候插话，应该停下来回应宝宝的插话，鼓励宝宝练习说话的勇气和自信。看画册时，爸爸妈妈要重点给宝宝读出那些描述画面的句子，特别是那些宝宝看过的画册，再重复读给宝宝听时，不仅能增强记忆，而且使宝宝对画面内容有一个更加完整而系统的认识。

培养宝宝自己的事自己做

现在是培养宝宝自己的事情自己做的时候了。首先就是无论如何放弃给宝宝喂饭，为宝宝挑选一款宝宝餐椅，让宝宝自己吃饭，做好宝宝独立自主的第一步。这是基本的生存能力，所以请妈妈一定要坚持。哪怕他用手抓，哪怕他吃饭要一个小时。

不仅仅是吃饭，穿脱衣服，洗脸刷牙，能让宝宝自己做的事情都不要插手，让他自己慢慢来，妈妈只需要在一边看着就可以了。千万不要着急，时间会让宝宝学会这一切的。

让宝宝学习音乐

让宝宝学音乐，并不是要宝宝去接受专业的音乐训练。只是给宝宝创造一个音乐的环境，让宝宝愉快地进行音乐学习。

首先，妈妈要给宝宝创造一个良好的音乐环境，选购一些适合宝宝玩的音乐玩具，小口琴、小钢琴等，这都是对宝宝进行音乐教育的早期教材。需要注意，购买这些玩具时要慎重挑选，那些音质低劣的乐器对宝宝是没有帮助的。

其次，让宝宝随时都能听到优美的音乐，特别是让宝宝广泛地接触和音乐有关的事物。宝宝可以从中了解声音的大小、快慢、长短。甚至是音色和音质的变化，这类学习对宝宝来说已经足够了。

经验★之谈 对于3岁的宝宝，没有必要上各种音乐培训班，特别是各种乐器的培训班。这对宝宝来说还是为时过早了。

培养宝宝性别意识

宝宝在两岁时，就开始意识到性别的不同，但那个时候宝宝还只是从表面现象来区分性别。性别意识是自我意识的重要内容之一，那么爸爸妈妈该如何培养宝宝的性角色呢?

首先，要承认宝宝的性别。以前，有些家庭喜欢将女宝宝打扮成男宝宝，买一些男宝宝的玩具和衣服给她玩和穿，以满足自己没有儿子的畸形心态。这种做法往往令女儿对自己所扮演的角色感到无所适从。如果爸爸妈妈为宝宝本身的性别而感到高兴，那么宝宝也会对自己的性别感到满意。

其次，爸爸妈妈是宝宝在性别角色方面的指导者和模仿的对象。爸爸妈妈可以给女宝宝买花裙子，给男宝宝买枪等，让宝宝玩一些“模仿性角色”的活动或有趣的游戏。同时，爸爸妈妈本身要注意自己的言行举止。

教宝宝学习一些社交礼仪

幼儿时期是社交礼仪教导的最佳时期，这个时期是宝宝形成自身良好行为的关键时期，也是跟人沟通的开始阶段，因此，这个时期宝宝学习社交礼仪的好坏在很大程度上都对今后的个人素养有着直接的影响。

◎宝宝不愿意打招呼时，不要强迫宝宝，等宝宝平静以后再讲道理，切忌当着外人的面说宝宝没礼貌。

◎在日常的生活中，爸爸妈妈要教会宝宝一些简单的礼貌用语。学龄前的宝宝对游戏特别感兴趣，在游戏中加入礼貌教育，宝宝会很快接受。

◎宝宝天生喜欢模仿别人，爸爸妈妈要特别注意自己的言行举止。爸爸妈妈要注重宝宝在公共场合的礼貌行为，应该让宝宝遵守秩序和规则，不要大声喧哗和玩闹。

培养宝宝时间观念

培养宝宝的时间观念是一件循序渐进的事，爸爸妈妈首先要重视，态度要平和，行为要耐心，言语要温和。日积月累，宝宝才能形成规律、秩序，稳定且有效的时间观念，这是一个对他终身受益的好习惯。

◎尽量用宝宝理解、熟悉或亲身经历过的事物来教他认识时间。

◎有意识地使用时间词汇。如告诉宝宝“十分钟后我们出门”，而不要说“过一会儿我们出门”。

◎制定一个合理的作息时间表，指导宝宝有条不紊地执行，督促宝宝严格遵守时间。

3～4岁

宝宝的运动能力的发育

3～4岁的宝宝，运动能力已经非常强了，正因为如此，宝宝也更加“淘”了。

◎有些宝宝能做“金鸡独立”状独站几秒钟，这意味着宝宝神经系统发育、平衡能力和脚步力量的进一步提高。

◎宝宝喜欢玩一种单腿跳格子的游戏，有的宝宝虽然只能跟着跳1～2步，但这也是个很大的进步。随年龄增长，宝宝单腿跳的能力会越来越强、越来越稳。

◎宝宝可以独立或合并运动自己的每一根手指。

◎抓笔的方式变为了拇指在一侧，其他手指在另一侧。

◎宝宝能够画方形、圆形或自由涂鸦。

◎宝宝能用建筑积木搭起一座高塔或桥。

宝宝认知和语言方面的发育

3～4岁的宝宝经常会和“空气”有声有色地对话，不用担心，这个年龄段的宝宝大多会有一个假想的朋友。宝宝的思维开始从具体的形象思维，慢慢地过渡到利用表象进行思维。

◎即使过去不喜欢与别人打招呼的宝宝，到了这个年龄段也知道开始懂礼貌了，见到老师、邻居时，会大声地叫“老师好、奶奶好”。但是，也会有些宝宝依然不喜欢打招呼，这样没关系，但也不要勉强。

◎注意的范围越来越大，能逐步注意到周围更多的人和事物，并且能记住他们。把很多无意识的注意，逐渐向有意识的注意转化和发展。

◎宝宝的抽象记忆也开始发展，对较为抽象的事物逐渐能够记住了，如妈妈的电话、家庭住址、幼儿园的名字等。

◎宝宝求知欲极强，对什么东西都感兴趣，宝宝非常爱问“为什么”。

◎宝宝的大部分语言，妈妈都能够听懂了。

◎宝宝除了词汇，语法也进步了不少，他的表达能力越来越准确，会熟练使用出现形容动作的词，开始使用比较句和复杂的修饰语等。

◎一般宝宝听过2～3遍的小故事，他就会兴致勃勃地自己讲了，有时还能把自己想象的情节加在其中。

◎从公园或超市回来，能用自己的语言简单讲述这次的经历。

学用筷子

宝宝3岁的时候，正是智力发育的关键时期，这时候学习使用筷子，既可练习手指的各种动作，又可促进大脑发育，从而提高宝宝的思维能力和操作技巧，是训练手脑并用的重要手段之一。

饭桌上，尽可能让宝宝看到大家都在用筷子吃饭，不要给宝宝其他的餐具，让宝宝慢慢习惯只用筷子来进餐。抓住他的兴趣细节，而不是因为到了应该学的年龄，而强迫他去学习，这样做适得其反。另外在宝宝学习过程中，妈妈的鼓励无形中会给他强大的动力。

学用筷子时可以先从挑面条开始，这样不仅容易学会，也容易让宝宝产生兴趣。

训练数学思考

当宝宝能知道自己的家庭地址，能背诵妈妈的电话号码时，宝宝会感到非常的自豪。宝宝对这种数学很感兴趣，如确定自己几岁、有多高、有多重之类。所以，我们在日常生活中可以有意识地训练宝宝这种数学思考能力。

◎让宝宝参与做饭

让宝宝帮助拿几头蒜、几棵葱；教宝宝学习如何调控微波炉上的温度；吃饭前，让宝宝根据家里有几口人来摆放碗筷。

◎学习用钱

让宝宝认钱、数钱。带他到超市，告诉他这件商品多少钱，结账的时候告诉他要付多少钱，收银员会找回多少钱。

◎游戏

有很多与数学有关的小游戏，比如小宝宝玩的电话游戏，大宝宝玩的搭积木等，这些游戏中都渗透着精彩的数学内容，如果妈妈能帮助宝宝与邻居宝宝一起活动，他就更有机会思考数学问题了。

◎家庭生活

在生活中任何可以让宝宝帮妈妈拿的东西，妈妈都可以叫他帮妈妈，并给他说需要多少。多给他一些跟数字打交道的机会。

培养宝宝良好的阅读习惯

好的阅读习惯能让宝宝受益一生，培养阅读习惯就要从现在做起。宝宝的兴趣也很重要，不要强迫宝宝读，抓住每个宝宝想阅读的机会，让他喜欢上阅读，慢慢地他就会认为阅读就像洗脸、刷牙一样是一件日常的事情。宝宝开始学会阅读前，要让宝宝掌握一些阅读技能。

◎创造文字丰富的环境

妈妈给宝宝读的书越多，和他交流得越多，就能让他有越多的机会使用语言。

◎指读

这能让宝宝明白句子是由字组成的，要从左向右读。

◎强调书的每一个组成部分

指给宝宝看书名和作者的名字。问问宝宝书上都画了些什么，讲的是什么样的故事。

◎教宝宝认识一些字，和这些字的用法

还可以在和宝宝一起散步的时候，要把路上看到的各种字指给他看，也要和他一起说儿歌、唱儿歌、自己编儿歌，或者用宝宝认识的字组词造句，听起来越傻越有趣越好。重要的不是是否合理，而是宝宝能正确地使用他知道的那个字。宝宝阅读的兴趣也很重要，这里推荐一些适合这个年龄段宝宝的故事绘本。

◎《不一样的卡梅拉》

因其丰富生动、幽默诙谐的故事情节和活泼可爱、机智勇敢的小鸡形象，而深受广大小读者的喜爱和众多家长的肯定。

◎《好友记》

以一只小鸭和小鹅的友情，为宝宝讲述了友情的可贵，让我们一起好好感受吧！

◎《卡米的故事》

只是一些生活中的成长故事，不喜欢洗澡，害怕打针，也不想睡觉，还把尿尿在裤子上……而这些小故事，就是宝宝的成长生活。

◎《跟屁熊，晚安》

被赞誉为一套最能淋漓尽致地展示母子亲情的图画书。

◎ "一看再看"系列

集合了欧美11位儿童作家和儿童插画师的倾力之作，故事内容生动滑稽，插画可爱活泼，更重要的是通过故事的讲述给宝宝传达了关于亲情、友情、智慧、勇气等，对宝宝身心成长有益的生活品质和思想精神。

◎《悦读好品德童话绘本》系列

让宝宝明白什么是善良、诚实和尊重，让宝宝懂得自信、分享与友爱。这些优良的道德和品质，将使宝宝的一生受益匪浅。

◎ "14只老鼠"系列

构筑了一个由爷爷、奶奶、爸爸、妈妈和10个宝宝组成的大家庭。在这个大家庭中，14只老鼠团结合作，其乐融融。

◎《100层的房子》

一套不可思议的神秘绘本，集绘本、故事、百科、启蒙于一身，分别以向上、向下的100层房子为宝宝讲述了数十种动物的生活习性。

◎《阿内宫大战塔罗拉》

作者秋山匡超越了单纯的"冲突"层面，而把宝宝间的战争看成游戏的一部分。

培养宝宝抽象思维

随着宝宝词汇量的增加，爸爸妈妈可以教宝宝学习一些反义词。

在教宝宝反义词时，爸爸妈妈应先从那些具体的、能通过实物比较的反义词入手，好让宝宝看得见，摸得着。可以从一些比较常见的开始让宝宝练习，如"高矮、胖瘦、快慢、上下、左右、里外"等。在教宝宝的过程中，还要与实物的比较结合起来，在学习"多与少"时，就可把许多纽扣和一个纽扣相比。学习"高矮、大小"时，可以找来两个实物相比。学习"左右"时，如果宝宝是用右手拿匙吃饭，左手扶碗，就可以通过拿小匙、扶碗这两个具体的动作来区分左右，帮助宝宝记忆。

这里特别要注意的是，在教"左右"时，爸爸妈妈要与宝宝站在一边，面朝同一方向，不能面对面也不要对着镜子练习，因为妈妈知道，面对面的左右是相反的，这样会使宝宝很难理解左边和右边的确切概念。

4～5岁

宝宝的运动能力的发育

4～5岁的宝宝，运动能力已经非常强了，爸爸妈妈不用再随时随地怕他摔倒了。

◎宝宝在奔跑、跳跃等方面的能力已经完全具备，具有成人的协调和平衡感，他可以大而有力地走和跑、不扶栏杆上下楼梯、脚尖站立、在一个圆圈中旋转和来回蹦跳。

◎宝宝的肌肉力量也强得足以完成一些挑战性的任务，例如翻筋斗和立定跳远。

◎宝宝现在能更好地完成一件事的几个步骤了，“首先在这里画一条直线，再按照直线剪下来”，另外，他也能够执行两个以上没有关系的指令，比如“请把玩具收起来，再去洗洗手”。

◎宝宝的节奏感和领悟力都有了很大提高。唱歌和跳舞是宝宝喜欢的娱乐方式之一。4～5岁的宝宝只要跟着老师学几遍之后，自己基本就会了，而且韵律也掌握得较好。

◎他的运动能力仍然领先于判断能力，因此爸爸妈妈要不停地提醒他等爸爸妈妈一会儿，并在过马路时牵住他的手。

◎用许多积木搭建复杂的结构。

宝宝情感的发育

◎4～5岁的宝宝想象力非常丰富，生活在虚拟的世界里，他会把家中的日常用品想象成故事中、动画片中的道具，还会把自己想象成其中的人物。他喜欢玩角色扮演游戏，老师、医生、警察、护士以及动画片中的角色都是他非常喜欢扮演的对象。

◎宝宝对自己非常自信，他希望向别人施展他的一切技能，如说话、跑、画画、玩积木等。宝宝喜欢在小婴儿或是幼儿面前展示自己，他会觉得自己是大哥哥或者大姐姐了。

◎宝宝建立了是非观念，什么是好的，是可以做的；什么是坏的，是不能做的，基本上能牢记并且会主动地落实在实际生活之中。在这一点上女宝宝似乎优于男宝宝，这可能是由于女宝宝心理思维比较细腻，男宝宝心理思维较粗。

◎随着宝宝对其他人的感觉和行为了解的增多和敏感，他会逐渐停止竞争，并学会一起玩耍时相互合作。在幼儿园里，他开始学会轮流玩耍分享玩具，即使他不总是这样做。现在通常他可以以文明的方式提出要求，而不是吵闹或尖叫。

教宝宝礼貌待人

当宝宝为妈妈做一件事时，不要用命令的口吻，应说“请你……”做完了要说：“谢谢你”或可说“你帮了我的大忙，谢谢你了”。当宝宝运用了礼貌用语后，要及时表扬宝宝：“真是个懂礼貌的好孩子。”在日常生活中，在宝宝与成人交往的自然环境中，要不失时机、随时随地地训练宝宝，让宝宝学会讲礼貌，如客人来了会说“您请”“请进”，给客人倒茶，自然大方地回答客人的问题……客人走时要送出门，并说“再见，欢迎您下次再来做客”。良好礼貌的形成需要一定的时间，要通过反复练习才能得以巩固，并成为习惯。

对宝宝的礼貌行为应及时表示赞扬和肯定。对宝宝不礼貌的言行更要及时批评，并指出不礼貌的后果。

保持教育的一致性

家庭成员在对宝宝的教育态度上要保持一致性，并坚持始终如一的态度。千万不能各敲各的锣，各打各的鼓，有的管，有的护，有时严，有时松，造成教育作用的相互抵消。

对于宝宝来说，到底是该听谁的呢？这会让他无所适从。所以在教育问题上爸爸妈妈双方，也包括其他家庭成员都需要事先统一教育观点，并确立以谁为主导，这样当发生分歧时，应坚持和赞同这个人的观点，事后再交换想法。

并且在教育观念上的不一致，也容易造成家庭成员之间的矛盾，这样也会造成家庭的不和谐，不利于宝宝的成长。

经验★之谈 在教育观点上，一般爸爸妈妈是比较容易统一起来的，但跟长辈就不太容易统一了。长辈往往认为自己的宝宝吃了不少苦，现在不能让孙子吃苦了，所以就更加溺爱宝宝。如果不是原则性的问题可以尽量地顺着长辈，但涉及教育原则问题，就一定要跟长辈讲清楚利害关系，让他理解妈妈的做法。

为宝宝选一本好书

相信宝宝现在一定非常喜欢看书了，爸爸妈妈可以根据宝宝的年龄特征来为宝宝选一本好书。

◎《蒲公英系列》

为宝宝呈现了一幕幕关于“爱”的温馨画面，让宝宝深深地感受到爱的无处不在，学会接受爱，学会爱别人。

◎《我的爸爸叫焦尼》

一对父子手牵着手，一个抬头，一个低头，四目相对，相似的模样，微笑也一样，这样温馨的场面不用多，只是一眼，就会深深地打动爸爸。

◎《威斯利王国》

威斯利就是一个与众不同的宝宝——他用自己的知识，建立了一个属于自己的王国！

◎《布鲁姆博士》

这套绘本故事的“主角”，就是被称为“布鲁姆博士”的大熊。他长相憨厚、动作笨拙；他头脑单纯、胆子奇小，却心地良善、忠于友谊。

◎《芭贝·柯尔—麻烦系列》

是一套颠覆传统、幽默滑稽的家庭温馨绘本。作者用非同寻常的文字和画面为我们呈现了温暖而麻烦的一家。

◎《是谁嗯嗯在我的头上》

这本书从科学的角度讲述了一个有趣的故事，让宝宝学会以科学的眼光来坦然面对本来就光明正大的生理问题。不仅不会让宝宝觉得尴尬，反而会让他兴奋！

◎《我们爱运动》

一套独特地引导宝宝爱上运动的有趣童书。书中的小动物们，不管高大还是矮小，比如河马、大象、河狸、熊、壁虎和水獭等，它们都十分热爱运动。

5~6岁

宝宝的运动能力的发育

宝宝快6岁了，他已经不是一个整天跟着爸爸妈妈的小宝宝了，他已经成为了整天都想着跟小朋友在外面玩的“小运动家”。

◎宝宝已经能很好地控制身体，手脚灵活，运动也能够较以前更为剧烈了，并且也不太容易摔跤了。

◎他现在能做一些带技巧性的活动，比如：左右单腿站立10秒钟、在一条直线上走、单足跳、跳绳、跳舞等。

◎随着手眼协调的发展，宝宝可以通过练习接球，可以学会系鞋带或者串珠子。

宝宝情感的发育

5～6岁的宝宝已经能够掌握社会规则了，知道该怎样更好地与人相处。

◎宝宝开始能为较远的目的而行动，能使自己的行为服从于妈妈和爸爸的要求。比如，妈妈要求宝宝在晚上9点以前睡觉，如果宝宝超过了这一时间，就不准宝宝第二天看动画片。宝宝虽然非常想多玩会儿，但为了看第二天的动画片，也只好听从妈妈的安排。

◎当宝宝学会预料未来的事情时，他就能把因果关系和行为联系起来了。他知道自己的行为会产生后果。如果他打别的小朋友，他知道人家可能会哭，老师多半也要批评他。

◎宝宝行为的冲动性相对减少，自觉性相对增强，开始能比较自觉地控制调节自己的行为。

◎宝宝的内心世界越来越复杂，喜怒哀乐等比较细腻的情感也发达起来，更加敏感，自尊心也更强了。因此，要尊重他独特的个性，保护他的自尊心。

◎对他来说，轮流做某事或者和别人分享玩具及其他东西已经不再那么困难了，现在，“最好的朋友”对他来说非常重要。

◎社会概念初步形成，宝宝知道工人是做工的，农民是种田的，商人是做买卖的。宝宝在记忆具体事物的时候，也会根据物体的类别进行记忆。

训练宝宝口语能力

5～6岁宝宝的词汇已非常丰富了，还掌握了不少短句。应引导宝宝把各种词连起来，连贯地用口语描述某一事物或情景，可以从这些方面进行培养：

◎愉快地交谈

亲切、自然地与宝宝交谈是发展宝宝口语能力的一种有效方法。可结合宝宝的年龄，爸爸妈妈从简单到复杂地与宝宝进行交谈，并做恰当评定，按宝宝的发展情况进行引导。

◎游戏

宝宝最喜欢玩游戏，游戏中的问答和自言自语，就是练习口语的好机会。宝宝所熟悉或理解的事，都会自然而然地在游戏中通过他自己的语言表达出来。

◎说绕口令

教宝宝说绕口令，有助于发展语言能力。开始教时正确示范，一句句慢慢学，不可操之过急，待完全学会并习惯后，要求说快就不会错了。

教宝宝掌握一些数学知识

可以教这个年龄的宝宝掌握一些数学初步知识，具体有以下几方面：

◎物体的分类、排序和比较两组物体的多少（每组不超过10个）。

◎10以内的数，认、读、书写阿拉伯数字，10以内的加减法。

◎简单的几何形体，圆形、正方形、长方形、三角形、半圆形、梯形、椭圆形、球体、圆柱体、正方体和长方体等。

◎量的比较：比较物体的大小、粗细、厚薄、轻重等。

◎区别上下、左右、前后的空间方位。

◎认识时间：早晨、晚上、白天、黑夜、今天、明天，一星期七天的顺序，以及认识钟点（整点、半点）。

这些知识的学习，同样尽量结合实物来进行。

培养宝宝兴趣爱好

5～6岁的宝宝往往会在某一方面表现出他的兴趣和爱好，可以针对他的兴趣进行培养。

◎音乐

喜欢听音乐或者爱唱歌的宝宝不妨先在听和唱上学习。在家庭中时常轮唱或合唱简易的歌曲，对宝宝的和声进行启蒙训练，利用打击乐器随着录音敲节拍也是音乐基本能力训练之一。

◎绘画

喜欢画画的宝宝很注意看别人的绘画，也喜欢拿笔涂涂画画或者到处填颜色。宝宝往往能画出印象最深的事物，如画人时，忘不了两只大眼睛，画树总是挂着果子，兔子有两只长耳朵，大象有长鼻子。此外，宝宝常把心目中的想象画在画中，街道排满了汽车，楼内或楼后的事物也会出现在画面上。有以上表现的宝宝应当给以培养，使他在绘画上有所进步。

◎体育

不少男宝宝有良好的体能，如跑得快、跳得高、身体灵活等。也有些从小就喜欢球类，喜欢踢球、投篮和打乒乓球。也有些女宝宝喜爱做各种较难的动作，如翻滚、弯腰、劈叉及平衡木上的高难度表演。起初往往是从电视上模仿的，如果得到指导就能向自由体操或舞蹈方向发展。随时观察宝宝的特长，抓住机会使宝宝得到锻炼。

◎速算

速算法可以从学龄前开始，有些记忆力好和数数、记数能力好的宝宝可以开始学习背诵口诀和学习速算法。当然这种训练必须建立在宝宝兴趣的基础之上，妈妈要去发现他的兴趣并加以引导，而不是强迫他去学。

纠正宝宝不良习惯

宝宝到现在可能还是有许多不良习惯，比如用手挖鼻洞、咬指甲之类的。那么，我们要怎样才能纠正宝宝的不良习惯呢?

◎教育宝宝摆脱坏习惯要适时，宝宝的多数坏习惯都是无意识的行为。

◎一般情况下，可以在发现宝宝坏习惯后立即进行纠正。

◎榜样的力量是无穷的。针对宝宝难以改正的坏习惯，不妨在平时的生活中树立榜样。久而久之，好的习惯形成于自然之中，不知不觉中就改变了。

◎通过讲故事等寓教于乐的形式，让宝宝意识到自己身上的缺点。

◎宝宝的坏习惯不是一天两天养成的，所以，纠正的要求不能太高，需要切合实际有耐心，不必操之过急。

◎宝宝屡教不改千万不能认为宝宝是故意反抗，也许宝宝自己还没有意识到又犯错了，可以根据宝宝的喜好转移注意力，细心的爸爸妈妈可以在家里显眼的地方，贴上简明的提示图，时时提醒宝宝改掉坏习惯。

◎鼓励永远比批评有效，最好不要拿宝宝与同龄的宝宝相比较，重要的是宝宝过去的表现和现在的行为。对宝宝偶尔的退步不要表现出失望，要相信宝宝可以解决自己的问题。

为宝宝入学做准备 在幼儿园教学中，宝宝更多的是通过游戏的方式与周围环境产生互动、学习知识。升入小学后，以文化学习为主的授课方式往往让宝宝很难快速进入“角色”。

◎多体验“等”的感觉

比如带宝宝去超市购物，让他体验在收银台前排队等候的滋味；让宝宝参与做菜，例如煲汤，让他体验“慢慢熬”的感觉。

◎有始有终地玩

在宝宝专心玩积木时，不要叫他去收拾书桌；拼图还没拼完时，不要叫他去洗澡。在平时的游戏中，让宝宝学会有始有终地做完一件事情。

◎学会自己解决与伙伴间的冲突

鼓励宝宝邀请朋友来家里做客，或者去别的小朋友家玩，给宝宝创造更多和不同年龄的宝宝接触的机会。当宝宝之间发生冲突时，爸爸妈妈不要充当调解员，鼓励他自己解决。平时，爸爸妈妈可以和宝宝讨论，如果和小朋友遇到争执，该怎么做。

◎学会遵守规则

培养争强好胜的宝宝的耐性。比方“下棋”，不管是围棋、象棋还是飞行棋，都是强调规则的游戏。宝宝会在下棋中体会到规则的意义，在规则的约束下，慢慢提高耐性。

经验★之谈 前面我们已经讲到过关于宝宝学习英语的问题，如果妈妈决定让宝宝上英语班，请注意以下几点：

1.语音。在给学龄前宝宝选择课程时，要注意区分该课程采用的教材是不是专为非英语语系的宝宝编写的，配套的视听材料能不能给宝宝非常准确的发音示范。语音的评价标准有三：准确、清楚、缓慢。

2.文化。除了语言本身地道以外，选择的时候也要注意教材选用的歌谣、故事，是不是原汁原味地体现出了英语的思维习惯和文化背景。语言不单是一种工具，而是一种沟通思想和文化的思维表达方式。多一种文化就多了一双眼睛，使宝宝在思维上的开阔性相对广一些。

3.学习方式。好的课程在教学方法上必然具有母语学习的特点：融入生活场景，有效重复，互动，在“玩”中学习。同时，好的课程又很系统化，能够“量龄而教”，充分考虑到宝宝的年龄特点、心理特点、行为特点（包括注意力集中时间）和宝宝的发展和学习水平相契合。

阅读的重要性

阅读的重要性，相信爸爸妈妈都很清楚了，这里再为宝宝推荐一些书。

◎《大脚丫跳芭蕾》

爱跳舞的贝琳达有一双大脚。在权威的话语下，她开始怀疑自己，失去了自信。幸好，她虽然难过，但她从来没有放弃舞蹈。

◎《妈妈的红沙发》

主角是一个小女孩，通过她第一人称的自述，娓娓诉说一个单亲落魄家庭为梦想而努力奋斗的故事。

◎《生命的故事》

是一套适合3～6岁宝宝阅读的性教育图书，它以生动的图画和文字，解答了宝宝最为关心的生命的来源问题，解答了宝宝对自己性别的疑惑。

◎《我真棒》系列

在这套故事绘本中，我们能够看到很多不同的情感，或正面，或反面。

◎《安房直子系列绘本3册》

三个如梦如幻的故事，充满了奇异的幻想，蕴含着无限的神秘，贴近宝宝的感受，关注成长中的困惑。对于熏陶宝宝的美感，养成宝宝对自然、对生命的敬畏之心非常有意义！

◎《学会爱自己》系列

是一套主题特别的图画书，对那些即将离开爸爸妈妈的视线、进入校园学习的宝宝来说，这是一套非常有帮助的教科书。

◎《庆子绘本》系列

涵盖了不同的主题——从“母爱的伟大”到“培养自己的独立性格”，“狼大叔从狡猾到善良的转变”，每个故事都蕴含了一定的深意。